牧区 半牧区 草牧业

科普系列丛书

草地毒害草生物防控技术

刘爱萍 著

中国农业科学技术出版社

图书在版编目(CIP)数据

草地毒害草生物防控技术 / 刘爱萍著. —北京：中国农业科学技术出版社，2017.6
(牧区半牧区草牧业科普系列丛书)
ISBN 978-7-5116-2881-7

Ⅰ.①草… Ⅱ.①刘… Ⅲ.①草地-有毒植物-生物防治-研究-中国 Ⅳ.①S451.23

中国版本图书馆 CIP 数据核字（2016）第 303551 号

本书由中国农业科学院科技创新工程“牧草病虫害灾变机理与防控团队（CAAS-ASTIP-IGR）”，国家重点研发计划项目：天敌昆虫防控技术及产品研发(SQ2017ZY060059)；国家牧草产业体系综合试验站（CARS-35-29）资助。

责任编辑 李冠桥
责任校对 马广洋

出 版 者 中国农业科学技术出版社
北京市中关村南大街 12 号 邮编：100081
电 话 (010)82109705(编辑室) (010)82109704(发行部)
(010)82109709(读者服务部)
传 真 (010)82106625
网 址 http://www.castp.cn
经 销 者 各地新华书店
印 刷 者 北京昌联印刷有限公司
开 本 710 mm×1 000 mm 1/16
印 张 10.5 彩插 12 面
字 数 197 千字
版 次 2017 年 6 月第 1 版 2017 年 6 月第 1 次印刷
定 价 50.00 元

《牧区半牧区草牧业科普系列丛书》

编 委 会

《草地毒害草生物防控技术》

著者名单

主　　著：刘爱萍

副 主 著：王　慧　韩海斌　徐林波

参著人员：（按姓氏音序排列）

高书晶　郭俊梅　黄海广

李立新　缪丽梅　孙程鹏

谢秉仁　徐忠宝　岳方正

张爱萍　张　艳

序

我国牧区半牧区面积广袤，主要分布在北方干旱和半干旱地区，覆被以草原为主，自然环境比较恶劣。自古以来，牧区半牧区都是我国北方重要的生态屏障，是草原畜牧业的重要发展基地，是边疆少数民族农牧民赖以繁衍生息的绿色家园，在保障国家生态安全、食物安全、边疆少数民族地区稳定繁荣中发挥着不可替代的重要作用。

近几十年来，由于牧区半牧区人口增加、气候变化以及不合理利用，导致大面积草地退化、沙化、盐渍化。

党和国家高度重视草原生态保护和可持续利用问题，2011 年出台了《国务院关于促进牧区又好又快发展的若干意见》，确立了牧区半牧区“生产生态有机结合、生态优先”的发展战略，启动实施“草原生态保护补助奖励机制”，2015 年中共中央国务院一号文件（简称中央一号文件，全书同）提出“加快发展草牧业”，2016 年中央一号文件进一步提出“扩大粮改饲试点、加快建设现代饲草料产业体系”，为牧区半牧区草牧业的发展带来难得的历史机遇。牧区半牧区草牧业已成为推动我国农业转型升级、促进农牧民脱贫致富、加快实现现代化的重要突破口和关键着力点。然而，长期以来，牧区半牧区农牧民接受科技信息渠道不畅、科技成果应用和普及率不高、草牧业生产经营方式落后、生态和生产不能很好兼顾等因素，制约着草牧业的可持续发展，迫切需要加强草牧业科技创新和技术推广，引领支撑牧区半牧区草牧业现代化。

在农业科技创新工程大力支持下，中国农业科学院草原研究所组织一批中青年专家，编写了《牧区半牧区草牧业科普系列丛书》。该丛书贯彻“顶天立地”的发展战略，以草原生态保护与可持续利用为主线，面向广大农牧民和基层农技人员，以通俗易懂的语言、图文并茂的形式，系统深入地介绍我国草原科技领域的新知识、新技术和新成果，帮助大家认识和解决牧区半牧区生态、生产、生活中的问题。

该丛书编写人员长期扎根牧区半牧区科研一线，具有丰富的科学知识和实践经验。相信这套丛书的出版发行，对于普及草原科学知识，推广草原科技成果，提升牧区半牧区草牧业科技支撑能力和科技贡献率，推动草牧业健康快速发展和农牧民增收，必将起到重要的促进作用。

欣喜之余，撰写此文，以示祝贺，是为序。

中国农业科学院党组书记

陈萌山

2016 年 1 月

《牧区半牧区草牧业科普系列丛书》

前　言

牧区半牧区覆盖我国23个省（区）的268个旗市，其面积占全国国土面积的40%以上。从远古农耕文明开始，各个阶段对我国经济社会发展均具有重要战略地位。牧区半牧区主要集中分布在内蒙古自治区（全书简称内蒙古）、四川省、新疆维吾尔自治区（全书简称新疆）、西藏自治区（全书简称西藏）、青海省和甘肃省等自然经济落后的省区。草原作为牧区半牧区生产、生活、生态最基本的生产力，直接关系到我国生态安全的全局，在防风固沙、涵养水源、保持水土、维护生物多样性等方面具有不可替代的重要作用，同时也是我国畜牧业发展的重要基础资源，在区域的生态环境和社会经济中扮演着关键的角色。然而，随着牧区人口增加、牲畜数量增长、畜牧业需求加大，天然草原超载过牧问题日益严重。2000—2008年的数据显示，牧区合理载畜量为1.2亿个羊单位，实际载畜量近1.8亿个羊单位，超载率近50%。长期超载过牧以及不合理利用使草原不堪重负，草畜矛盾不断加剧，草原退化面积持续扩大。从20世纪70年代中期约15%的可利用天然草原出现退化，80年代中期的30%，90年代中期的50%，持续增长到目前约90%的可利用天然草原出现不同程度的退化，导致草原生产力大幅下降、水土流失严重、沙尘暴频发、畜牧业发展举步维艰，草原生态、经济形势十分严峻，可持续发展面临严重威胁。

2011年，国务院发布的《国务院关于促进牧区又好又快发展的若干意见》明确指出，牧区在我国经济社会发展大局中具有重要的战略地位。同时，2011年也开始实施草原生态保护补助奖励机制，包括实施禁牧补助、草畜平衡奖励、针对牧民的生产性补贴、加大牧区教育发展和牧民培训支持力度、促进牧民转移就业等举措，把提高广大牧民的物质文化生活水平摆在更加突出的重要位置，着力解决人民群众最现实、最直接、最紧迫的民生问题，大力改善牧区群众生产生活条件，加快推进基本公共服务均等化。

“草牧业”是个新词，源于2014年10月汪洋副总理主持召开专题会议听取农业部汇报草原保护建设和草原畜牧业发展情况时，汪洋副总理凝练提出了“草牧业”一词。随即2015年中共中央国务院一号文件（简称中央一号文件，全书同）中特别强调“加快发展草牧业”，对于经济新常态下草业和草食畜牧业迈入新阶段、谱写新篇章是前所未有地强有力的刺激和鼓舞。草牧业是一个综合性的概念，其核心是强调草畜并重、草牧结合，推进一、二、三产业融合。草牧业的提出无疑是对我国草业和牧业的鼓励，发展草牧业正是党的“十八大”以来大国崛起的重大步骤。发展草牧业是我国农业结构调整的重要内容，是“调方式、转结构”农业现代化转型发展的重要组成部分，是我国牧区半牧区及农区优质生态产品产业和现代畜牧业发展的重要组成部分，是变革过去粮、草、畜松散生产格局、有效解决资源环境约束日益趋紧、生产效率低及生态成本高等问题的关键突破口，是保障国家食物安全和生态安全的重要途径。

中国农业科学院草原研究所自建所52年来，坚持立足草原，针对草原生产能力、草原生态环境及制约草原畜牧业可持续发展的重大科技问题，瞄准世界科技发展前沿，以改善草原生态环境，促进草原畜牧业发展的基础、应用基础性研究为主线，围绕我国草原资源、生态、经济、社会等科学和技术问题，系统开展牧草种质资源搜集鉴定与评价、多抗高产牧草良种培育与种质创新、草原生态保护与可持续利用、草原生态监测与灾害预警防控、牧草栽培与加工利用、草业机械设备研制等科研工作。自2015年实施中国农业科学院科技创新工程以后，恰逢加快发展草牧业的契机，中国农业科学院草原研究所组织全所精英，把老、中、青草牧业科研工作者组织起来，共同努力，针对目前牧区半牧区草牧业发展的薄弱技术环节，制约牧区半牧区农牧民生产生活的关键技术，以为农牧民提供技术支撑，解决农牧业农村问题为目的，特编著《牧区半牧区草牧业科普系列丛书》，该套丛书内容丰富，资料翔实，结构合理，语言通俗易懂，可为牧区半牧区草原退化防治、人工草地栽培、家庭牧场生产经营、家畜养殖技术、牧草病虫鼠害防治等问题提供全面的技术服务，真正地把科研成果留给大地，走进农户。

编　者
2016年1月

内容提要

草原是草地畜牧业发展的重要物质基础和牧区农牧民赖以生存的基本生产资料，也是我国面积最大的绿色生态屏障。长期以来，由于草原干旱、超载过牧、盲目开垦、乱砍乱挖、人口增长等自然和人为因素的影响，导致草原退化，特别是受全球气候变化的影响，草原生态环境持续恶化。为从根本上解决困扰内蒙古草原生产的有毒有害杂草防控问题，以毒害草为研究对象，通过筛选天敌昆虫（螨）和生防微生物，探明了天敌昆虫防控毒害草的生物学及生态学原理，研发了天敌昆虫扩繁、释放及保护利用技术；天敌昆虫的控制作用效果的评价。明确了针茅芒刺、乳浆大戟及加拿大蓟的天敌资源，根据寄主专一性选择、耐饥能力测定以及取食量等试验，对天敌的生物学特性、生态学特性进行研究，从天敌的室内育苗饲养、扩繁、野外释放到控制效果评价，形成了一套成熟的天敌昆虫（螨）繁殖及释放的技术体系。从而了解其发生规律以及天敌对毒害草种群的控制作用，为天敌昆虫（螨）的繁殖、释放提供了理论依据。

综合评价了草地有毒有害草与其他植物的关系，草地有毒有害草化感作用，狼毒对豆科牧草替代防控技术及狼毒对禾本科牧草替代防控技术。研究了狼毒水浸提液、狼毒残体腐解、狼毒根分泌液以及狼毒根际土壤萃取液对受体植物苜蓿的化感作用，明确了狼毒释放化感物质的途径，狼毒根和茎叶对各受体植物的化感作用强度不同；对于豆科牧草狼毒根的化感抑制作用非常显著，并且随狼毒根量的增加化感抑制作用增强。狼毒对豆科牧草的化感抑制作用强度强于禾本科牧草。对草地主要有毒有害草狼毒、乳浆大戟、加拿大蓟、针茅芒刺、小花棘豆、牛心朴、紫茎泽兰、苦豆子、披针叶黄华等综合防控技术研究；草地有毒有害草的合理利用及野生植物资源开发利用。解决了当前农牧业生产中亟需解决的问题。为利用生物防治技术控制有毒有害杂草提供理论和实践依据。

目　录

第一章　草地毒害草发生对畜牧业造成的危害 ……………………… (1)
　第一节　草地发生退化的主要特征 ……………………………………… (1)
　第二节　引起草地退化的主要原因 ……………………………………… (3)
　第三节　毒害草对草原生态和畜牧业造成的危害 ……………………… (5)
第二章　草地主要毒害草种类分布和为害 ……………………………… (9)
　第一节　分布为害 ………………………………………………………… (9)
　第二节　国内外研究现状 ……………………………………………… (13)
　第三节　草原有毒植物的危害特点 …………………………………… (16)
第三章　草地毒害草发生历史与存在主要问题 ……………………… (19)
　第一节　毒害草防治历史 ……………………………………………… (19)
　第二节　毒害草研究存在问题 ………………………………………… (20)
　第三节　毒害草防治存在的问题 ……………………………………… (21)
第四章　草地毒害草防控技术研究 …………………………………… (22)
　第一节　生物防控技术 ………………………………………………… (22)
　第二节　物理防控技术 ………………………………………………… (24)
　第三节　化学防控技术 ………………………………………………… (24)
　第四节　替代防治技术 ………………………………………………… (26)
第五章　草地有毒有害草生物防控——天敌资源利用 ……………… (29)
　第一节　乳浆大戟主要天敌种类 ……………………………………… (29)
　第二节　加拿大蓟主要天敌种类 ……………………………………… (30)
　第三节　针茅芒刺主要天敌种类 ……………………………………… (31)
第六章　优势天敌昆虫的生物生态学特性 …………………………… (34)
　第一节　大戟天蛾生物学生态学特性及发生规律 …………………… (34)

第二节　加拿大蓟绿叶甲的生物学特性 …………………………………… (49)
第三节　欧洲方喙象的生物学生态学特性 ………………………………… (50)
第四节　针茅狭跗线螨的生物学、生态学特性 ………………………… (54)
第五节　针茅草原的大针茅病害 ………………………………………… (55)
第七章　优势天敌昆虫（螨）的寄主专一性 ……………………………… (58)
第一节　大戟天蛾的寄主范围食性分析 …………………………………… (58)
第二节　绿叶甲寄主专一性试验 ………………………………………… (60)
第三节　欧洲方喙象寄主专一性试验 ……………………………………… (63)
第四节　针茅狭跗线螨寄主专一性研究 …………………………………… (64)
第五节　主要天敌昆虫的取食量、耐饥能力测定 ……………………… (65)
第六节　大针茅病害及生防利用 ………………………………………… (67)
第七节　针茅病害的利用评价 …………………………………………… (68)
第八章　主要天敌昆虫的控制作用效果的评价 ………………………… (69)
第一节　优势天敌昆虫饲养繁殖与释放技术 …………………………… (69)
第二节　优势天敌昆虫控制效果的评价 ………………………………… (72)
第三节　对生物防治经济效益分析 ……………………………………… (76)
第九章　草地有毒有害草与其他植物的关系 …………………………… (79)
第一节　草地有毒植物与其他物种的关系 ………………………………… (79)
第二节　有毒植物与微生物的关系 ……………………………………… (80)
第三节　有毒植物与草食动物的协同进化 ………………………………… (81)
第四节　利用种间竞争控制乳浆大戟 …………………………………… (81)
第十章　草地有毒有害草化感作用 ……………………………………… (83)
第一节　植物化感物质 …………………………………………………… (84)
第二节　植物化感作用的机理 …………………………………………… (87)
第十一章　狼毒对豆科牧草替代防控技术 ……………………………… (90)
第一节　利用生物测定的方法 …………………………………………… (91)
第二节　受体植物对狼毒化感作用耐抗性评价 ………………………… (92)
第三节　狼毒根对受体植物的化感作用强度变化规律 ………………… (93)
第四节　狼毒对苜蓿幼苗生长的影响 …………………………………… (94)
第五节　狼毒对草木樨幼苗生长的影响 ………………………………… (97)
第六节　狼毒对红豆草幼苗生长的影响 ………………………………… (98)
第七节　狼毒对小冠花幼苗生长的影响 ………………………………… (99)
第八节　狼毒对苜蓿幼根生长的化感作用 ……………………………… (100)

第九节　狼毒根量在不同的腐解时间内对苜蓿幼根生长的影响 …（101）

第十二章　狼毒对禾本科牧草替代防控技术 ………………………（102）

第一节　狼毒对蒙古冰草和扁穗冰草幼苗生长的影响 ……………（103）

第二节　狼毒对披碱草幼苗生长的影响 ………………………………（104）

第三节　狼毒对新麦草幼苗生长的影响 ………………………………（105）

第四节　狼毒对无芒雀麦幼苗生长的影响 ……………………………（106）

第五节　狼毒对多年生黑麦草幼苗生长的影响 ………………………（107）

第六节　狼毒对受体植物化感作用影响 ………………………………（108）

第七节　植物对狼毒化感作用耐抗性评价分析 ………………………（109）

第八节　狼毒对受体植物的化感作用强度变化规律 …………………（109）

第十三章　草地有毒有害草综合防控技术……………………………（110）

第一节　乳浆大戟防控技术 ……………………………………………（110）

第二节　加拿大蓟防控技术 ……………………………………………（112）

第三节　狼毒防控技术 …………………………………………………（113）

第四节　针茅芒刺防控技术 ……………………………………………（114）

第五节　苦豆子防控技术 ………………………………………………（116）

第六节　棘豆属防控技术 ………………………………………………（117）

第七节　披针叶黄华防控技术 …………………………………………（119）

第八节　牛心朴子防控技术 ……………………………………………（120）

第九节　紫茎泽兰防控技术 ……………………………………………（121）

第十节　荨麻防控技术 …………………………………………………（123）

第十一节　菟丝子防控技术 ……………………………………………（124）

第十四章　草地有毒有害草可持续综合治理 …………………………（126）

第一节　加强草原科学利用和管理 ……………………………………（126）

第二节　草原生态防治技术 ……………………………………………（126）

第三节　生物防治技术 …………………………………………………（127）

第四节　机械化学防治技术 ……………………………………………（131）

第五节　烧荒防除技术 …………………………………………………（131）

第十五章　草地有毒有害草的合理利用………………………………（132）

第一节　饲用植物开发利用 ……………………………………………（132）

第二节　药用开发利用 …………………………………………………（133）

第三节　农药开发利用 …………………………………………………（134）

第四节　其他用途开发 …………………………………………………（135）

第十六章　有毒有害草——野生植物资源开发利用 ………………（136）
第一节　野生植物资源狼毒综合开发利用 ………………………（136）
第二节　野生植物资源苦豆子开发利用 …………………………（138）
第三节　野生植物资源牛心朴子开发利用 ………………………（142）
参考文献 …………………………………………………………………（145）
附录　乳浆大戟、加拿大蓟、针茅芒刺生物防治图片 …………（149）

草地毒害草发生对畜牧业造成的危害

草原的生态、经济和社会功能在人类社会的发展过程中具有不可替代的作用，作为我国陆地生态安全的重要屏障，草原在调节气候、涵养水源、保持水土和防风固沙等方面发挥着重要作用。但是，长期以来，由于草原干旱、超载过牧、盲目开垦、乱砍乱挖、人口增长等自然因素和人为因素的影响，导致草原退化，生态持续恶化。我国90%的天然草原存在不同程度的退化，30%已严重退化，且退化以每年200万 hm^2 的速度递增，草原退化呈现局部改善而整体恶化的趋势。

第一节　草地发生退化的主要特征

草原退化即草原植被衰退，是指草原生态系统在其演化过程中，在人类活动和自然条件共同作用下，其结构特征和能流与物质循环等功能过程的恶化，即生物群落（植物、动物、微生物群落）及其赖以生存环境的总体恶化。草原退化是草原在不合理利用下，草原生态系统逆行演替、生产力下降的过程。主要表现是草原植被的种类、高度、盖度、产量和质量下降，土壤生境恶化，生产能力和生态功能衰退。长时间、大范围的草原退化，不仅引起草原本身生产力的下降，还造成生态环境恶化，对人类生存与发展构成威胁。

退化草原的植物种类组成和结构发生明显变化，植物种群结构中原来的建群种和优势种逐渐减少或衰变为次要成分，而原来次要的植物逐渐增加，最后由大量非原有的侵入种变成为优势植物。从稳定功能较强的多层结构演化为稳定功能较弱的单层结构，生物多样性降低，植物群落的结构、高度、盖度以及外貌等明显地劣化，优质的、可饲的豆科、禾本科、菊科等牧草减少，不可饲用、劣质、有毒、有害的毛茛科、大戟科等植物滋生蔓延，植物群落呈现小型化与矮化的特征，其高度与盖度大大降低。严重退化草原的生物多样性降低甚至丧失，珍稀植物与名贵动物消失或大大减少，如内蒙古锡林郭勒典型草原的单花郁金香消失，口蘑、黄花苜蓿等变得十分稀少；黄羊基本消失，百灵鸟、猛禽也大幅减少。

1. 生产能力下降

退化草原群落中，优良牧草的生长发育减弱，可食牧草产草量下降而不同的有毒有害植物比重增加。如内蒙古退化草原已发现有毒有害植物 50 多种，青海退化草原大量出现的有毒有害植物有 20 多种。有毒有害植物的蔓延，不仅消耗土壤的养分和水分，妨碍优良牧草的生长发育，而且经常造成牲畜中毒甚至死亡，给畜牧业带来严重的危害。轻度退化草场可食牧草产量减少 20%~40%、植被覆盖度减少 20%；中度退化草场可食牧草产量减少 40%~60%、植被覆盖度减少 20%~50%；重度退化草场可食牧草产量减少 60%以上、植被覆盖度减少 60%以上。重度退化草原植物群落平均高度仅相当于草原植物群落平均高度的 1/5 左右。全国草原产草量下降了 30%~60%，每头家畜的产品产量也有明显的下降。

2. 灾害频发、甚至暴发

草原资源数量减少、质量下降，伴随的是草原的干旱、风沙、白灾、黑灾、鼠害、病虫害等自然灾害的发生频率加快，草原生态系统自发的抗逆机制等遭受破坏、抵御灾变的能力减弱。干旱缺水是草原与草原畜牧业发展的主要限制因子，干旱成灾能使牧草在生长季枯萎、产草量直线下降。1999—2001 年内蒙古草原牧区连续遭受旱灾，使得草原“赤野千里、寸草不生”，牲畜大量死亡，草原畜牧业与牧区生态经济的发展受到严重的影响。内蒙古 1977 年的特大雪灾，锡林郭勒盟牲畜损失 40%~60%；2000 年的特大雪灾加旱灾，锡林郭勒盟的牲畜损失率也达 50%左右。由于草原退化和捕鼠天敌减少等原因，我国草原鼠害发生的面积有增大的趋势；同时蝗虫、草原毛虫等对草原的危害也在加大。在草原生态系统中，鼠类占有重要地位。鼠类作为一类消费者，在草原能量流动、物质循环、食物链中发挥重要作用。正常情况下，鼠类对草原适度的啃食是有利于草原生态系统的。但是，长期以来，草原退化加剧了草原鼠害的发生，导致草原鼠害频繁暴发。全国草原鼠害发生面积由 1996 年的 3 094 万 hm^2 增加到 2001 年的 4 617 万 hm^2，占草原总面积的 11.8%；2002 年全国草原鼠害成灾面积平均数高出近 10 年来成灾面积的 28%；2003 年、2004 年内蒙古草原蝗虫大暴发，全国草原虫害面积分别达到 2 667 万 hm^2 和 2 933 万 hm^2。2003—2012 年全国草原虫害年均危害面积 2 099 万 hm^2，成为草原进一步退化的原因。

第二节　引起草地退化的主要原因

主要有自然因素和气候变化两大方面的原因，导致草原退化。自然因素主要包括长期干旱、气候变化、风蚀、水蚀、火灾、沙尘暴、鼠虫害等。如全球气候变暖，气候变化是引起草原生态系统恶化的重要自然因素。内蒙古锡林郭勒草原地区近 40 年气候呈波动性升高趋势，与 20 世纪 70 年代相比，年均气温升高 1.4℃，年降水量减少 97.1mm，而且温度和降水量年际间的变幅近年来明显加大，气候变化在草原退化成因中占主导地位。我国草原大部分位于干旱区、半干旱区与半湿润区，降水较集中，气候干旱，且距离冬季风源地近，冬春季节大风天气多，降水量少，土壤易被大风吹起、带走形成风沙天气，再加之无节制的放牧，造成草场退化和土壤沙化，使风沙现象更为严重，形成沙尘暴。鼠害、虫害和毒害草是我国草原最为严重的生物灾害，表现为种类多、暴发频繁、分布面积大、危害程度严重和对草原生态环境破坏作用大等特点，鼠虫害加剧了草原的退化和沙化，制约着草原畜牧业的可持续发展。鼠害，除了大量啃食牧草，与牲畜争食外，更为严重的是挖掘洞穴，拱抬土丘，破坏草原植被，轻者使草原植被覆盖度降低，重者导致寸草不生，土壤裸露，使草原完全失去放牧价值，甚至引发严重的水土流失，威胁人类赖以生存的生态环境。内蒙古又是蝗虫灾害高发地区，蝗虫所到之处寸草不留，草原植被裸露，退化加剧。

1. 人为因素

人口增长过快、人口规模过大，主要体现在人口增长超过了自然资源，尤其是草原资源的增殖，即资源的可承载能力，超过了环境容量与生态阈限。自然资源的增量已远不能满足供养如此多的人口需求，于是自然资源的存量也被部分利用、蚕食，这就使自然资源的恢复、更新能力不断下降，资源的数量减少、质量变劣，从而导致资源生态环境的总体恶化。由于我国内地的人口密度要比西北部边远地区大，因而出现了一次又一次机械式的大量移民，使草原牧区人口也超过其生态环境资源的承载量，大片的垦草种粮及大量的毁林开荒等，使得中国西北部特别是草原牧区的荒漠化面积以惊人的速度扩展。草原牧区既是生态脆弱地带、敏感地带，也是生态屏障带，其人口的承载能力比内地和沿海低得多；过高地估计草原地区的环境容量和资源承载量，采取大量移民的政策，也不能不说是自然资源和生态环境遭受破坏的主要原因之一。

2. 草原过度放牧载畜量增大，不合理地利用

随着牲畜饲养头数的不断增长，草原牧区的草畜矛盾越来越激烈，大多数草场处于超载过牧的状态，草原的利用方式由原来的永续利用转变成了当今粗放的掠夺式利用，这使得草原生态经济系统加速走向衰退。内蒙古 33 个牧区旗县，2004 年的总体超载率达到 75.1%。新疆草原畜牧业牲畜数量持续增加，在草原面积基本固定的条件下，草地资源的承载压力越来越大。全疆牧民人口由 1984 年的 8.71 万户 49.74 万人增加到 2008 年年底的 27.58 万户 116.47 万人；这个人口数据相当于 1950 年的 4.23 倍，1980 年的 1.85 倍。新疆草原近年来的超载率一般为 60%~70%，局部地区达 100% 以上。20 世纪 70 年代，四川若尔盖全县共有各类牲畜 33 万混合头，到 80 年代中期，全县牲畜就增加到 87 万混合头：2002 年，已超过 117 万混合头。2006 年年底，全县牲畜存栏已达 118.78 万混合头，折合 340 多万羊单位，而全县理论载畜量仅为 186.5 万羊单位，超载率已近 80%。

在半农半牧区和牧区，草原植物是广大农牧民日常生活的主要燃料之一。在内蒙古半农半牧区和牧区，每年用作薪柴的牧草灌木就高达百亿千克。内蒙古鄂尔多斯市的农牧民，20 世纪 70—80 年代为了解决薪柴等问题，每年要大量樵采沙蒿、沙柳、乌柳和柠条等，每户每年仅为烧柴就要破坏草原 2.67hm^2左右。

我国北方草原盛产甘草、麻黄、黄芩、苁蓉以及发菜、蘑菇等，这些野生珍奇植物，有的是名贵药材，有的是珍品野菜。由于有法不依、执法不严以及执法成本高昂、管理任务艰巨等，加之经济利益、发财梦的驱动，多年来导致草原牧区周边的农民滥挖干草、麻黄、黄芩、苁蓉等药材和滥搂发菜的行为屡禁不止。内蒙古锡林郭勒、乌兰察布、鄂尔多斯和阿拉善等草原牧区，进行抢搂发菜。草原牧区滥猎也非常严重，使得大量的珍禽异兽减少甚至消失，导致草原生态经济系统的生物多样性下降。

水资源的不合理利用，对于草原牧区的不良影响也较严重。草原地区的荒漠化不断加剧；由于中上游用水量过多，黑河水流不到阿拉善，使得居延海干涸，绿洲开始消失，胡杨林大片干枯，生态环境严重恶化。盲目地开发饲草料地，过量开采草原牧区的地下水，使得生态用水不断减少，草原植被衰退，生态环境恶化。

3. 草原盲目地开垦，使草原退化沙化严重

我国草原地区由于资金短缺、技术落后、工业化程度较低、教育不发达等原因，造成经济发展水平比较低下。人们为了生存和生活必然要开发利用更多的自然资源。绝大部分人口的生产生活还主要依赖草原及其畜牧业，导致其开发利用方式往往是掠夺式的、粗放的和落后的，这必然造成对自然资源环境特别是草原资源环境的破坏。盲目地开垦草原，使得贫瘠、极易沙化的耕地无节制地增加，大片丰美草原的原生植被与土壤遭受破坏；而开垦出来的耕地往往几年后就撂荒变成沙地或沙漠，于是再去开垦新的草原。周而复始，草原面积变得越来越小，沙地、沙漠的面积愈来愈大，草原退化沙化不断加剧，草原资源及生态环境急剧恶化，草原生态经济系统恶性循环、逆行演替大规模地开垦草原，使得大片丰美的草原变成了贫瘠的、极易沙化的农田或荒漠。而草原农耕区农村化的最终结果就是沙漠化。我国荒漠化的人为成因中，过度农垦占 25.4%，过度放牧占 28.3%，过度樵采占 31.8%。而过度农垦导致草原面积大量减少和牧区人口大幅度增加，使得超载过牧、滥樵乱采等不断加重。到 20 世纪 90 年代初期，我国开垦的草原面积已达 1 866.7 万 hm^2左右，造成大约 2 533.3 万 hm^2退化、沙化面积，其中约 800 万 hm^2草原退化为永久性沙漠；同期，内蒙古开垦草原约 346.7 万 hm^2，新疆开垦草原约 300 万 hm^2，甘肃开垦草原约 106.6 万 hm^2等。

第三节　毒害草对草原生态和畜牧业造成的危害

（一）毒害草对草原生态的危害

由于草原的不合理利用和过度利用，使得草原毒害草大量生长繁殖和蔓延，除导致牲畜被迫采食引起大批中毒发生外，毒害草由于其特殊的生长特性，占据了可食牧草生长空间，造成草原生态环境恶化，产草量下降，严重影响着草原畜牧业的发展，影响草原生态安全、生物安全和食物安全。毒害草对草原生态的危害主要表现在以下几点。

1. 草原生产力降低

草原毒害草具有一般植物无法比拟的抗性，如耐旱、耐寒、耐贫瘠、抗病虫害、根系发达、返青早、生长快、多种子、多分枝、生命力强等特性。一旦毒害草侵占草原后，能够在短期内形成优势种群，排斥其他牧草生长，使草原质量严重下降，产草量降低，草原承载能力下降，影响草原畜牧业的

健康可持续发展。

作为我国退化草原上危害严重的毒害草之一，瑞香科瑞香狼毒在东北、华北、西北及西南的草甸草原、典型草原、高寒草原以及荒漠草原都有分布。在正常情况下，瑞香狼毒在草原植物群落中以偶见种或伴生种存在，而在放牧过度的退化草原、山坡草原、沙质草原常成为优势种或退化草原的建群种存在。例如，在内蒙古巴林左旗，在适度放牧的草原地带，很少能见到瑞香狼毒生长，群落以大针茅、铁杆蒿等植物占优势。而在明显过牧地带，大针茅几乎消失，瑞香狼毒大量滋生，覆盖度达到30%，其生物量占到草原植被群落总产量的62%。在严重退化地带，瑞香狼毒种群已取代了其他所有植物，瑞香狼毒种群覆盖度达到40%~65%，地上生物量鲜重达2kg/m^2。在青海退化草原，瑞香狼毒发生面积140万hm^2，覆盖度为40%~60%，比较严重的海南藏族自治州共和县瑞香狼毒覆盖度达到80%左右，其生物量占到草原植被群落总产量的80%以上。

豆科有毒棘豆和有毒黄芪也是我国退化草原上危害严重的毒害草，在西北、西南广大牧区的退化草原上，已形成优势种群，生物量很大。如茎直黄芪主要垂直分布于海拔2 900~4 600m的西藏各地，覆盖度为40%~60%；变异黄芪主要分布在内蒙古、甘肃和宁夏的荒漠半荒漠草原；甘肃棘豆和黄花棘豆主要分布在祁连山草原，覆盖度最高达90%以上，在甘肃天祝山地草甸和灌丛草甸草原，密度为32.41株/m^2，覆盖度为32%，生物量占到草原植被群落总产量的45%。草原毒害草的大面积泛滥，导致草原生产力降低，草原因毒害草的危害使得草原失去利用价值，导致草畜矛盾日趋严重。

2. 草原利用率下降

草原毒害草的生长和蔓延，导致牲畜毒害草中毒呈现多发、频发，甚至暴发态势，使牧民对此产生了恐惧感和不安全感，不敢在毒害草生长区放牧，造成现有草原得不到充分利用，而优良草原利用过度，最终导致整个草原生态恶化，草原利用率显著降低。

3. 破坏植物种群多样性

退化的草原，植物的种类组成和结构会发生明显变化，使草原从过去稳定功能较强的多层结构演化为稳定功能较弱的单层结构，生物多样性降低，植物群落的结构、高度、盖度以及外貌等明显地劣化，表现为可食牧草种类和产量急剧减少，而毒害草成为优势植物，大量滋生蔓延。

毒害草可通过其化感毒性，直接或间接地对草原生态系统中的其他植物、动物及微生物产生有害作用，影响物种种群多样性。目前，在菊科、豆科、瑞香科、玄参科等10多个科属中发现具有化感潜势的植物如瑞香狼毒、甘肃棘豆、冷蒿、黄帚橐吾、甘肃马先蒿、白喉乌头等，分离鉴定出的化感物质有萜类、酚类、皂苷类、生物碱、挥发油以及非蛋白氨基酸等十几类化合物。这些化感物质主要来源于植物的次生代谢，可通过自然挥发、雨雾淋溶、凋落物或植物残体分解以及植物根系分泌4种主要途径释放进入环境，对其他植物、动物及微生物产生有害作用。如黄帚橐吾挥发物、水浸提液对早熟禾、大雀麦、中华羊茅、羊茅以及垂穗披碱草的种子萌发和幼苗生长都有显著的抑制作用；甘肃马先蒿地上部分水浸提液对中华羊茅、老芒麦、垂穗披碱草的种子萌发和幼苗生长具有显著的抑制作用；白喉乌头地上部分浸提液在高浓度下对无芒雀麦、草地早熟禾等牧草种子的萌发具有抑制作用；瑞香狼毒和黄花棘豆对其他种植物的化感抑制作用主要是通过根系分泌途径起作用。

（二）毒害草对草地畜牧业造成的危害

在过度放牧草原，由于草原退化，牲畜喜食的、适口性好的优良牧草减少，草群中毒害草比例上升，牲畜误食、饥不择食、被迫采食毒害草的机会增加，使得草原牲畜毒害草中毒呈现多发，频发，甚至暴发趋势。毒害草对草原牲畜的危害主要表现在以下几点。

1. 引起牲畜中毒，严重者导致死亡

由于有毒植物体内含有有毒物质，牲畜在可食牧草缺乏的情况下，以干草或青草形式被迫采食后，可引起牲畜急性或慢性中毒，严重者导致死亡。有毒物质多是有毒植物在代谢过程中产生的，这些有毒物质主要包括生物碱类、苷类化合物、黄酮类、内酯、毒蛋白，萜类化合物、酚类及其衍生物、有机酸、挥发油以及光敏物质等。也有少数有毒植物体内蓄积了某些特殊化学物质或无机元素，如环境中的砷、铅、镉、硒、硅、氯等，当被牲畜采食后易产生毒害作用。

据统计，2007年青海甘肃棘豆中毒羊10万多只，死亡和淘汰4 000多只，造成经济损失超过1 000多万元；2001年西藏阿里地区东部3个牧业县，因冰川棘豆中毒死亡的牲畜达53万只以上，损失超过6 172万元；2003—2005年，改则县冰川棘豆中毒致死牲畜10.3万只，损失高达2 034.95万元；2005年内蒙古阿拉善盟，毒害草灾害受害牧户901户，造成13.44万头牲畜中毒，死亡3 504头，造成直接经济损失105万元；2009年甘肃肃北草原，牲畜采食棘豆草后，羔羊平均死亡率达到60%以上，母畜流产率高达91.7%；2007年，农业部对20个省区不完全统计，草原毒草引

起161万头牲畜中毒，11.8万头牲畜死亡，毒草灾害造成经济损失101.6亿元（其中直接经济损失9亿元，间接经济损失92.6亿元）。仅2007—2009年，全国草原毒害草引起211万头牲畜中毒，84万头牲畜死亡，直接经济损失超过6.7亿元。目前，有毒棘豆和有毒黄芪已成为我国天然草原毒害草之首，每年给畜牧业造成的直接经济损失超过亿元。

2. 影响牲畜繁殖力

母畜采食毒草后造成不孕、流产、弱胎、畸形、难产、死胎及胎儿发育不良；公畜采食毒草后造成性功能降低，精子品质及活力下降。如1987年甘肃天祝某乡牲畜因误食甘肃棘豆中毒发病率高达89.1%，死亡率21.9%，流产率29%。1987年青海省共和县倒淌河乡母羊因采食棘豆草而流产的羔羊达5 000多只，泽库县牲畜因采食棘豆草中毒流产率高达30%以上。1995年青海英得尔种羊场因棘豆草中毒，使母羊的繁殖力受到严重影响，存栏2万只的繁殖母羊，繁活春羔仅1 409只。

3. 妨碍畜种改良

本地畜种对毒害草有一定识别能力，一般不会主动采食，而外地引进的优良畜种，由于无识别能力，往往会主动采食，如果管理疏忽，没有及时发现，随着采食毒害草时间的延长而引起中毒，甚至死亡，严重影响当地畜种改良工作。如1977年西藏山南地区引进新疆细毛羊、高加索羊改良当地绵羊，结果因引进良种对茎直黄芪、毛瓣棘豆等毒害草识别能力极差，主动采食引起中毒死亡，妨碍了该地区畜种改良工作。

4. 降低畜产品质量

有些有毒植物含有特殊物质，牲畜采食后能引起乳、肉产品变色、变味或变质，降低肉品质量。如十字花科的独行菜，可使肉色变黄；豆科的沙背能使肉变味；豆科的沙打旺能使乳、肉变苦；菊科艾属植物、百合科葱属植物、蓼科酸模属植物等，能引起乳产品变味或变质。此外，有害植物本身并不具有毒性，但其芒、刺被牲畜采食或接触后，可造成家畜伤害，如禾本科针茅、菊科鹤虱、菊科苍耳、菊科飞廉、豆科骆刺、豆科锦鸡儿、旋花科刺旋花等植物的芒刺可刺伤家畜皮肤，影响皮毛质量。值得注意的是，有些有毒植物被牲畜采食后，会使畜产品含有对人体有毒害的物质，人食用后引起中毒。例如山羊采食大戟科的某些植物（如变异黄芪）后，虽山羊本身不出现中毒现象，但人食用其所产的羊奶后可引起中毒；牲畜大量或长期采食蓄豆主要灌丛积累砷、铅、镉、硒、氟等的植物后，这些有毒金属或非金属元素会残留在畜体中，通过食物链对人体健康产生危害。

第二章

草地主要毒害草种类分布和为害

第一节　分布为害

草原有毒植物是指在自然状况下以青饲或干草的形式被家畜采食后，使家畜的正常生命活动发生障碍，从而引起家畜生理上的异常现象，导致家畜中毒死亡的植物类群。在我国牧区，草原有毒植物造成的为害十分严重，有毒植物不仅占据着草原面积，争夺土壤中的水分和养分，排挤优良牧草的生长，使草原生物多样性大幅度下降，导致大面积草原失去放牧利用价值，而且有毒植物使草原生产能力和品质降低，造成大批家畜中毒死亡，形成灾害，严重影响草业经济的健康发展。

分布于我国草原的有毒植物约 101 科，近 1 000种，主要分布在北方草原区，有些种连片发生，危害牲畜的毒害草面积约 3 亿亩，占我国草原面积的 5%。北方的棘豆中毒，南方的紫茎泽兰中毒已成为我国草地上的大公害。自 20 世纪 70 年代以来，西部省份有 50 余万头牲畜中毒死亡，此外，还影响家畜繁殖，妨碍畜种改良，严重威胁草地畜牧业发展。甘肃省天祝县的某些乡村棘豆中毒发病率高达 89.1%，死亡率 21.9%，流产率 29%。肃南县每年有 2 万多只山羊、绵羊中毒，2 000多只死亡。宁夏回族自治区（全书简称宁夏）海原县的南华山马场曾因棘豆中毒死亡 300 余匹马而倒闭。内蒙古伊克昭盟马和羊的小花棘豆中毒被当地牧民称为该地区的三大自然灾害（风沙、干旱、毒草）之一。

在不同地带草原上，由于自然条件不同，有毒植物的分布和数量也不相同。分析表明，分布在山地草原上的有毒植物占总种数的 63%；在水分条件较好的草甸及森林草原地带的有毒植物占总种数的 67.2%左右，常见的有栎属、杜鹃花属、白头翁属、铁线莲属、唐松草属、大戟属的许多种；在比较干旱的典型草原地带，有毒植物约占总种数的37.8%，常见的有黄芪属和棘豆属中的有毒种、麻黄、苦马豆、乳浆大戟、狼毒等；而在荒漠草原和荒漠地带有毒植物的种数约占总种数的20%左右，主要有黄芪属和棘豆属中的有毒种以及醉马草、沙冬青、疯马豆、杠柳等。

在农牧区草地约有1/3严重退化，半干旱农牧交错地区有13亿亩（1亩≈667m^2，全书同）草地发生沙化，约占全国草地的1/3，且每年退化面积约1 000万亩。据调查，约有3亿亩退化草地上，因毒草连片生长蔓延并引起大批牲畜中毒死亡，造成重大经济损失的重要有毒植物共15科19属的60多种。分布在云南、贵州及四川南部的紫茎泽兰到了难以根治的程度。有毒棘豆和黄芪属有毒植物一直困扰着牧区畜牧业的发展，严重影响农牧民的收入。萌生的栎树叶引起黄牛的中毒死亡。甘肃、陕西和新疆农区的毒麦危害，都不同程度地影响生态安全和食物安全。据估计，西部毒草危害，每年造成牲畜死亡、草场破坏、农牧民减收以及防治费用等经济损失约数十亿元。因此，尽快开展毒草危害生物防治及生态控制研究有着重大的经济意义。

草原有毒植物的分布在各个地带、不同类型草原中的种类以及数量上是有差异的，而这种差异往往又与其局部的健康状况有密切联系。一般在水分条件较好的草甸、草甸草原及林区有毒植物分布种类较多，但生物储量很小；在较为干旱的典型草原或黄土丘陵区分布种类较少；在地势低洼及排水不良的沼泽地段，常有大量的烈毒性有毒植物分布，如毛茛、乌头、毒芹、麦仙翁、藜芦等。在不同地带的草原上，大花飞燕草常常以斑块状镶嵌分布在各类型草原中。

黄芪属有毒种中危害最大的是茎直黄芪和变异黄芪。据西藏自治区统计，1976—1979年有28个县发生茎直黄芪中毒，4年共发生中毒牲畜116 752只（头），死亡46 630只（头），死亡率为39.94%。甘肃省民乐县1976—1978年变异黄芪中毒羊1 117只，死亡1 098只，死亡率98.2%。棘豆不仅引起大量牲畜中毒死亡，母畜采食后，可造成不孕、流产、弱胎，畸形及幼畜成活率低。1987年，青海省共和县倒淌河乡因母羊采食黄花棘豆中毒流产羔羊5 000多只；泽库县大小牲畜因棘豆中毒流产率高达30%以上。宁夏海原县红阳乡牧场怀孕母马因棘豆中毒所造成的流产率每年都在50%以上。中毒公羊，性欲降低，配种能力低下。

据青海省畜牧兽医部门1997年不完全调查统计，全省每年因棘豆草中毒的羊10万多只，死亡和淘汰4 000多只，中毒的大家畜约1万头，死亡

500多只，造成的经济损失估计为1 000多万元。青海省毒草面积约197万hm^2，自1975年以来，青海省有5个洲26个县先后发生马、羊棘豆中毒，死亡家畜近4.5万头(只)，造成很大经济损失。甘肃天祝、甘南地区有毒棘豆生长的草原达8 893.3hm^2，每年造成2万多只羊中毒，直接经济损失30万元，据2003年调查资料表明，天祝县的一些乡村家畜棘豆中毒发病率高达89.1%，死亡率达到21.9%，流产率为29%，有些牧场已经放弃了养羊业。宁夏天然草原有毒植物面积达120多万hm^2，其中黄花棘豆面积达8万hm^2，覆盖度达80%，放牧家畜中毒率17.5%，死亡率16.2%。

内蒙古阿拉善草原分布广泛的有毒植物7种，其中棘豆属有毒植物3种，黄芪属有毒植物4种，2005年分布面积超过139.33万hm^2，危害最严重的是小花棘豆和变异黄芪，严重危害面积达67.6万hm^2，中毒牲畜13.43万头(只)，中毒死亡3 504头(只)，受害牧户901户，因牲畜死亡造成的直接经济损失105万元，给当地畜牧业造成了极大的危害。

2004年，内蒙古阿拉善左旗北部草场发生大面积毒草灾害，致使千余头(只)牲畜中毒死亡，严重影响了农牧民的生产生活。发生“醉马草”中毒有两个种，一个是变异黄芪：另一个是小花棘豆，牲畜食后出现摇头、摆尾、行走困难、成瘾等症状，随后消瘦，不能采食而死亡。阿拉善左旗北部的图克木、乌力吉、银根三苏木(乡)就有1 758万亩草场受到毒草侵害，导致6.8万余头(只)牲畜中毒，1 180头(只)牲畜死亡，造成直接经济损失104万元。

据西藏农牧业厅1980年统计，1977—1979年3年期间，西藏拉萨地区的9个县发生毛瓣棘豆中毒，死亡家畜达11 455头(只)，其中达孜县1979年531头(只)牲畜采食棘豆中毒，505头(只)死亡，死亡率达95%，1979年全区13个县家畜采食茎枝黄芪中毒死亡39 029头(只)。

据不完全统计，1972年四川省18个县，耕牛因采食栎树叶中毒达6 138头，死亡1 902头。1978年吉林省延边朝鲜族自治州耕牛中毒139头，死亡97头。1975—1978年辽宁省8个县发病牛5 210头，死亡4 695头。1977—1979年云南省4个县发病牛1 154头，死亡158头。1977—1982年陕西省汉中地区发病牛1.5万头，死亡4 400头。这类毒草灾害主要发生在有栎树分布的农牧交错或林牧交错地带的栎林区，放牧的牛常因大量采食砍伐后萌发的丛生栎叶而发病，特别是当饲草料欠缺、贮草不足、翌年春季干旱少雨、牧草发芽生长较迟的年份，牛采食栎叶后，常出现大批中毒或死亡，造成巨大的经济损失。

狼毒具有极强的竞争力和抗逆性，并且对其他植物具有很强的克生现象，其他植物在其周边很难正常生长发育。在轻度退化的草原上只要出现狼毒，3~5 年后便很容易在群落中成为优势植物，上繁牧草基本消失，只有为数不多的下繁牧草在距狼毒 30cm 以外的地方生长。据报道，甘肃省有 46.6 万 hm^2 的草原受到狼毒的侵占，牧草减产 1.375 亿 kg，经济损失 1 500 万~2 000万元；青海省天然草原上生长的狼毒面积达 73.3 万 hm^2，仅祁连县境内狼毒发生面积就达 2.42 万 hm^2，占牧草总产量的 34.6%，严重地区为 45.51%，因瑞香狼毒灾害造成的可食牧草减产 2 161.88万 kg，占牧草总产量的 34.6%，严重地区达到 45.51%。青海省兴海县子科滩草原上的狼毒在 1962—1992 年的 30 年期间，产量增长了 3.5 倍。内蒙古的许多退化草原上，狼毒已成为景观植物，在科尔沁草原和锡林郭勒草原的退化草原上集中连片分布，内蒙古阿鲁科尔沁旗已形成狼毒为优势的群落约 4 万 hm^2；赤峰市有近 10 万 hm^2 的草原因生长着大量的狼毒而失去放牧利用价值。青海海北藏族自治州狼毒集中分布区面积达 8.01 万 hm^2。

20 世纪 90 年代末，入侵云南、贵州及四川南部草原的紫茎泽兰（*Eupatorium adenophorum*）形成了密集型单优势种群落，对草原其他科植物种具有很强的抑制能力，使原有的植被中的优良牧草受到“排挤”，对草原的破坏非常严重。每逢大旱之年，草原发生“醉马草”中毒屡见不鲜。1929 年与 1960 年前后西北地区曾经发生大批放牧家畜“醉马草”中毒死亡的事件。内蒙古鄂尔多斯、阿拉善草原地区，每逢干旱年份，可食牧草生长缓慢，小花棘豆、变异黄芪比其他草种返青的早，每年春季发芽，长势非常快，在每年 4—5 月开花，6—7 月结籽，9 月底至 10 月初枯黄。小花棘豆根系发达、根深达 1~5m，抗逆能力强、生长周期长达 210 多天，越冬率高。近年来随着气候变化，降雨量减少，牲畜超载过牧，加上小花棘豆分布广泛，抗逆能力强，不易控制毒草的生长。种群盖度可达 20%~50%，局部地带可达 90%，在群落中占有很大的比重，马、羊、骆驼由于大量采食而中毒死亡。目前，这类有毒植物大有成为北方干旱草原生长优势草种的趋势。自 20 世纪 70 年代以来，约 15 万头家畜死于棘豆中毒。分布在宁夏、甘肃、青海、内蒙古、新疆和西藏阿里地区的草原有毒植物灾害一直困扰着当地畜牧业的发展，经济损失巨大。

第二节　国内外研究现状

国外：采用生物防治措施防治毒害草杂草危害，国外已有近百年的历史，目前全世界已有70多个国家开展杂草生物防治工作，并取得成功。20世纪70年代初，美国弗吉尼亚州草场上飞廉危害成灾，从欧洲引入2种象甲防治飞廉，几年后，弗吉尼亚州草场上飞廉的种群密度下降了98%。草地毒害草的危害是世界性问题。据报道，全世界因杂草造成的损失高达204亿美元。美国每年因杂草而造成的损失高达病虫草害损失的42%。在美国乳浆大戟主要在蒙大拿、南达科他、内布拉斯加、北达科他、怀俄明等州大面积蔓延危害，使草地畜牧业受到很大损失。由于牛羊不取食该草，甚至于也不取食周围牧草，因而，使成片草场荒芜。乳浆大戟根系发达，常可竞争取代当地有价值的植物种类。据美国专家估计，目前该草在美国的侵害面积达500多万 hm^2，且仍在继续蔓延，至少在五个州已造成严重危害。美方生防专家到中国内蒙古、辽宁等地调查采集乳浆大戟发现，美国乳浆大戟和内蒙古乳浆大戟两者形态上基本相似。内蒙古乳浆大戟未见成灾，主要是天敌昆虫病原微生物生防控制的结果，美国乳浆大戟成灾的原因主要是没有天敌生物控制导致乳浆大戟成灾。经过取食试验，内蒙古乳浆大戟天敌昆虫可以控制美方乳浆大戟的蔓延危害，因此美方和中方从1990年开始建立合作研究关系至今。美国农业部同中国农业科学院生防所对草原所对乳浆大戟、加拿大蓟、俄罗斯蓟、柽柳等天敌资原进行调查引进，国外生防学者主要是在引进乳浆大戟、加拿大蓟、俄罗斯蓟、柽柳天敌昆虫、检疫、安全性测定、田间释放上做了大量研究。

国内：我国的杂草生物防治开始于20世纪60年代。国内有一些科研单位和大专院校进行过一些探索，但是研究工作基本上是零星的。80年代中期以后，我国的杂草防治研究得到了迅猛的发展。以1985年4月全国第一次杂草生物防治讨论会为起点，我国的杂草生防逐步开始形成一门新的学科。1988年全国第二次杂草生物防治会议，提出了我国杂草生防的重点发展方向和策略，国家开始有重点的支持杂草生防的研究工作，国家科学技术委员会、农业部、国家自然科学基金委员会等先后资助了豚草、紫茎泽兰、水花生等杂草防除的研究课题。中国农业科学院生防所首开“以虫治草”的先例，他们从加拿大、苏联引进豚草条纹叶甲防治豚草取得了明显的效果。在毒草危害的生物防治生态控制方面，中国农业科学院草原研究所进行长期的研究和探索。在国家自然科学基金项目“北方草原恶性毒害草生物防治途径的探索”的研究工作中，对内蒙古北方草原的主要毒害草乳浆大戟、狼毒、小花棘豆的主要天敌资源进行调查和筛选，对乳浆大戟的主要天敌大戟天蛾、大戟天牛、叶甲的生物学特性进行了观察研究。在内蒙古中西部草原地区寻找到乳浆大戟天敌 17 种，其中天敌昆虫 9 种，寄生真菌 8 种；狼毒天敌昆虫 3 种；小花棘豆天敌昆虫 2 种。明确了大戟天蛾的生活史、生活习性、发生规律、寄主专一性，掌握了大戟天蛾饲养繁殖技术及防治乳浆大戟的最佳释放时期，为杂草生防的深入研究奠定了基础。

近年来，有毒有害杂草已成为影响我国农牧业生产及草地生态环境的突出问题之一，其危害主要体现在：草地生态环境恶化、草地退化、沙化、生产力下降、畜产品产量与质量下降等。如何科学有效地治理有毒有害草，是促进农牧业健康发展、提高草地生产力、控制草原退化和沙化的重要措施之一。

乳浆大戟（*Euphorbia esula* L.）是世界上广泛分布的一种有毒有害恶性杂草，其根系发达，生命力极强，毫无放牧饲用价值，它不仅占据草场面积，消耗草地水分和养分，竞争取代其他优良牧草，使草场退化，而且本身有毒，牲畜误食造成中毒死亡。它的蔓延和危害给草原畜牧业造成很大的损失。乳浆大戟会给草地畜牧业生产造成很大的经济损失。据报道美国的蒙大拿、科罗拉多等五个州大面积草场上，乳浆大戟滋生蔓延为害成灾。由于乳浆大戟的滋生蔓延危害，使这些州的畜牧业每年因此损失上亿美元。如每平方米草场如有一株乳浆大戟，该草场就会因牲畜的忌避而荒废，当乳浆大戟占牧草种群的 20%~30%时，该草场就会整个退化荒废。

加拿大蓟［*Crisium arvense*（L.）Scop.］属菊科菜蓟属，为多年生杂草，国外多称加拿大蓟，我国俗称丝路蓟、刺儿菜等。国外主要分布于欧洲、西亚和北美各地，在我国主要分布于甘肃、内蒙古、新疆、西藏各地。该草靠种子和地下根传播蔓延，速度极快，严重危害农田牧场，在美国蒙大拿州，加拿大蓟密度为 3 株/m^2时使小麦减产达 15%，在加拿大其密度达 30 株/m^2可使小麦减产 60%，并严重影响苜蓿的生长。该草在我国部分地区已侵入农田、菜地和牧场，给当地的农牧业生产造成了严重危害。

近年来其分布有逐渐扩大的趋势。根据作者调查，在内蒙古地区加拿大蓟的平均密度为 1.5 株/m^2，并且其分布仍有逐渐扩大的趋势。

针茅是国西北地区草原上最重要的植物之一，是天然草地上多种群落的主要建群种，其分布面积广、产草量高，饲用价值高是很好的优良牧草。但由于针茅属植物的颖果具有坚硬芒刺，这些芒刺混缠在牲畜（主要是绵羊）皮毛中，常常刺伤羊皮，造成洞眼，使皮张质量下降；也可侵入绵羊的口腔、黏膜及蹄叉等组织内，导致家畜发病以至死亡，成为当前草地畜牧业发展中的巨大限制因素。

有害针茅草场主要分布于内蒙古锡林郭勒盟境内，本盟受针茅危害的绵羊头数约占全区受害绵羊总数的70%以上。据资料报道，针茅为害区内由于针茅为害的直接经济损失达5 000万元以上。其计算依据为：为害区内500万~600万只羊，按每张羊皮落价10元计。则损失可达5 000万~ 6 000万元。我们认为，针茅为害仅发生于9—12月的一段时间内，并非所有的绵羊都存在着针茅为害的损失问题。以每年的出栏羊数目及区内羊皮的销售量进行估算可能更确切一些，根据锡林郭勒盟畜牧局牧经站统计资料，2000年锡盟共出栏小畜（主要为绵羊）3 193 592只，其羊出售2 760 395只，自食433 197只（2000年6月前盟内羊自食率分别为7. 13%和4. 52%），出售羊皮530 700张（约为出栏羊总数的1/6）。这主要是由于出栏家畜主要以活畜外运方式出售，家畜产地出产的皮张并不很多。在出售的羊皮中，羊皮的平均价格为63元/张，8月以后出售的羊皮一般要比8月前出售的便宜10元/张左右。秋后羊皮落价主要是由于有针茅针眼所至，据调查，呼和浩特、包头、巴彦淖尔、鄂尔多斯等市，按40%出栏率计算，参照上述数据进行推算，则内蒙古自治区每年有33. 3万~40万张羊皮受针茅芒针危害，总损失价值为：500~600（万只）×40%（出栏率）×1/6（售皮率）×10（无损失）= 333万~400万元。针茅为害仅发生在9月至12月期间，仅锡林郭勒盟每年因针茅芒刺损失达333万~400万元。

在针茅为害区，通过生物防控技术抑制针茅草芒刺危害，利用有益天敌昆虫、微生物控制针茅芒刺的危害，在不影响针茅草的植株，不减少牧草产量的前提下，使针茅颖果芒刺软化，维持草地的生态平衡。由于针茅芒刺的软化，使羊皮尤其是细毛羊的羊皮针眼减少，经济效益明显。仅锡林郭勒盟每年减少羊皮损失达300万~400万元，全区减少损失5 000万~6 000万元。

内蒙古阿拉善左旗北部草场发生大面积毒草灾害，致使千余头（只）牲畜中毒死亡，严重影响了农牧民的生产生活。发生“醉马草”中毒有2个种，一个是变异黄芪：另一个是小花棘豆，牲畜食后出现摇头、摆尾、行走困难、成瘾等症状，随后消瘦，不能采食而死亡。阿拉善左旗北部的图克木、乌力吉、银根三苏木（乡）就有1 758万亩草场受到毒草侵害，导致6. 8万余头（只）牲畜中毒，1 180头（只）牲畜死亡，造成直接经济损失

104万元。

宁夏海原县的南华山马场曾因棘豆中毒死亡300余匹马而倒闭。内蒙古伊克昭盟马和羊的小花棘豆中毒被当地牧民称为该地区的三大自然灾害（风沙、干旱、毒草）之一。据青海省畜牧兽医部门1997年不完全调查统计，全省每年因棘豆草中毒的羊10万多只，死亡和淘汰4 000多只，中毒的家畜约1万头，死亡500多只，造成的经济损失估计为1 000多万元。

第三节　草原有毒植物的危害特点

从草学研究和草业生产的角度出发，本着合理利用草原资源和科学利用有毒植物，有效地减免动物中毒机会的原则，根据有毒植物所含毒素对动物危害的强弱、毒害规律和季节性变化，将草原有毒植物分为常年性有毒植物、季节性有毒植物和可疑性有毒植物，常年性有毒植物和季节性有毒植物又细分为烈毒性常年有毒植物、弱毒性常年有毒植物和烈毒性季节有毒植物、弱毒性季节有毒植物等类群。此分类体系现在已经被许多草原工作者所采纳。

由于有毒植物所含的有毒成分不同，家畜中毒表现各不相同，且差别很大。有毒植物产生家畜机体中毒效应是很广泛的，家畜采食有毒植物后，一般会伤害肝脏、破坏中枢神经系统的活动和消化代谢系统以及生殖系统的功能。常见的中毒症状表现为呕吐、腹痛、痉挛、四肢麻痹、呼吸困难及心跳加快、丧失知觉、尿痛和粪中带血、流涎、食欲废绝、流产等。

草原有毒植物灾害的形成和发展具有漫长的历史演变过程。20世纪50—60年代以前，由于草原畜牧业发展缓慢，单位面积草原上的载畜量远没有达到饱和，那时的草原水草丰美，气候适宜，作为伴生种的有毒植物在草原上分布比例合理，草原上有大量的可饲用的植物，因而家畜不采食毒草，而且绝大多数常年烈毒性有毒植物如狼毒、乌头、天仙子、毒芹、曼陀罗等，因植物本身具有一种特殊的刺激性气味，家畜不会误食，大部分常年弱毒性有毒植物和季节烈毒性有毒植物，当地家畜大都能够识别，也不会误食，偶尔发生家畜误食毒草中毒，经济损失也比较轻。因此，毒草在草原上仅仅作为草原植被中一种植物存在，谈不上成为草原的灾害因素。

随着畜牧业生产的发展，草原家畜头数不断增加，畜草矛盾突出，缺草现象严重，一些弱毒性植物也被家畜采食，甚至饥不择食，以致发生中毒。

另外一种情况是牧区大量引进外地家畜，特别是国外优良种畜，草原家畜改良种比例增加，而这些家畜对当地有毒植物的识别能力远不如当地家畜，误食有毒植物中毒的比例要比当地家畜大，草原毒草危害主要随毒草的分布而发生。流行病学的资料表明，牛的地方性血尿病在世界上的发布有着十分明显的地方性，并且与蕨属植物的地理分布密切相关。我国牛的地方性血尿病的地理发布与毛叶蕨的地理分布完全一致，而且牛地方性血尿病的发病区域的海拔高度与毛叶蕨分布的海拔高度也十分一致。

1. 烈毒性常年有毒植物

常年性有毒植物在天然草原上的种类最多，危害也最大，不论在任何季节，对动物都有毒害作用。毒性剧烈，即使少量误食，也会引起中毒，甚至会造成死亡。如乌头、乳浆大戟、狼毒大戟、狼毒、曼陀罗、白屈菜、天仙子、毒芹、野罂粟、藜芦、毛穗藜芦、小花棘豆、变异黄芪、毒麦、醉马草等。

2. 弱毒性常年有毒植物

弱毒性常年有毒植物体内所含的有毒物质毒性较前一类为弱，或毒素含量较低，即使植物晒干或青贮后，毒性依然存在。各种家畜食下任何部分均可中毒，少量能治病，过量则引起中毒死亡。毛茛含有挥发性原白头翁素，干后毒性下降，对牛、羊毒性大，对马毒性小，食入量少时无明显为害，大量采食也会出现中毒反应，甚至死亡。分布在草原上的这类植物有毒植物种主要有：大花飞燕草、毛茛、水葫芦苗、木贼、蕨等。

3. 烈毒性季节有毒植物

季节性有毒植物是指在一定的季节内对家畜有毒害作用，而在其他季节其毒性消失或减弱，对动物的毒害作用具有明显的季节性。一般在花果期含毒性较强，在秋霜以后或经过加工调制，毒性会大大减弱或基本消失。动物在晚秋或冬春采食这类植物，一般不会引起中毒。但在有毒季节里，对动物的毒害作用与烈毒性常年有毒植物基本相同，可以导致动物急性或慢性中毒，甚至死亡。草原中的这类植物主要有：宽叶荨麻、杜鹃、一叶萩、水麦冬、萝摩、萱草、栎属植物等。

4. 弱毒性季节有毒植物

弱毒性季节有毒植物在有毒季节中植物体内的毒性较低或对动物的毒害作用较弱，动物少量采食后，一般不致引起中毒。而在早春、晚秋及冬季则具有一定的饲用价值。经过加工调制，毒性会大大降低。但长期采食，同样会导致慢性中毒。属于这类有毒植物的主要有：唐松草、臭草、小花草玉梅、铁线莲、薄荷、蒺藜、酸模等。一般情况下，家畜不会采食有毒植物，即使采食也不会达到致死量。

5. 可疑性有毒植物

在天然草原上有一些植物对家畜是否具有毒害，其有毒部位、有毒成分、中毒家畜毒理作用等均尚不明确，家畜一般都避而不食，牧民多称之为毒草，但又尚未发现有家畜中毒报道，如砂引草、毛水苏、角蒿等；还有一些植物在国外报道有毒，而在我国尚未发生过家畜中毒。如钩状刺果藜、盐生草等在美国的文献中记载是有毒植物；骆驼蓬、小花糖芥、茅香、千叶蓍等在前苏联的文献中被记载是有毒植物。故将类似这些植物归类为可疑性有毒植物。

草地毒害草发生历史与存在主要问题

第一节 毒害草防治历史

我国古在代春秋战国时期就对有毒植物的危害有一定的认识。对有毒植物的研究随着草药学的发展而逐步深入。汉代以后的本草学多有记载，并在本草或植物典藏书籍中都将有毒植物单列为一类，清代以前北方牧区由于各种原因对家畜采食有毒植物中毒死亡很少有记载，到了20世纪中后期，草原有毒植物引发的大批家畜死亡曾经是影响牧区社会经济发展的重大灾害之一。豆科的小花棘豆、变异黄芪和禾本科的醉马草被西部地区称为草原“三大毒草灾害”，成为灾害地区威胁草原畜牧业发展的大敌。在西北草原牧区，每年因采食棘豆中毒的家畜在30万头（只）以上，中毒瘫痪和死亡的患畜在3万余头（只），经济损失非常严重。各种家畜中马最易中毒，其次是山羊、绵羊、骆驼和驴。

青海省毒草面积约197万 hm^2，自1975年以来，青海省有5个洲26个县先后发生马、羊棘豆中毒，死亡家畜近4.5万头只，造成很大经济损失。甘肃天祝、甘南地区有毒棘豆生长的草原达8 893.3 hm^2，每年造成2万多只羊中毒，直接经济损失30万元，据2003年调查资料表明，天祝县的一些乡村家畜棘豆中毒发病率高达89.1%，死亡率达到21.9%，流产率为29%，有些牧场已经放弃了养羊业。宁夏天然草原有毒植物面积达120多万 hm^2，其中黄花棘豆面积达8万 hm^2，盖度达80%，放牧家畜中毒率17.5%，死亡率16.2%。

内蒙古阿拉善草原分布广泛的有毒植物7种，其中棘豆属有毒植物

3 种，黄芪属有毒植物 4 种，2005 年分布面积超过 139.33 万 hm^2，危害最严重的是小花棘豆和变异黄芪，严重危害面积达 67.6 万 hm^2，中毒牲畜 13.43 万头（只），中毒死亡 3 504头，受害牧户 901 户，因牲畜死亡造成的直接经济损失 105 万元。给当地畜牧业造成了极大的危害。

第二节　毒害草研究存在问题

尽管在我国草原有毒有害植物防治方面做了许多的工作，但是生产中家畜因采食毒草而中毒或死亡的事件每年都有大量发生，草原有毒有害植物的滋生和蔓延并没有得到有效地控制，有毒有害植物侵占后的草原植物多样性大幅度下降，使得草原生态系统变得更加脆弱。草原有毒有害植物防治工作依然存在大量问题亟待解决。

草原有毒有害植物的防灾工作一直没有得到足够重视。基础性研究相对薄弱，对有毒有害植物的种类、数量、地区分布、占有面积、受害畜种、危害程度、经济损失等有关权威的本底资料缺乏，各地的研究者报道的数据资料可比性差。面上的一般性的研究调查较多，而针对某一种有毒有害植物的深入研究偏少。例如，有毒有害植物种群繁殖扩散机理的研究是防除工作的重要理论基础，有毒有害植物造成的经济损失的估测和草原有毒有害植物防除的经济阈值问题在国内尚属空白。防除技术单一，注重除草剂筛选和人工挖除，忽视草原科学合理利用防治；重家畜中毒的治疗，轻有毒有害植物开发利用；研究部门各专业互不联系，多是站在本专业角度上做有毒有害植物的研究，所形成的技术单一，只是片面的解决问题，考虑整体和长远的利益与生态问题有限，对草原毒草的蔓延和家畜被迫啃食毒草束手无策；有毒有害植物的化学控制手段与草原植被快速恢复之间严重脱节，没有形成有机地结合；而且所取得的科研成果具有地区和行业间的局限性，得不到大面积的推广应用。虽然人们已经认识到有毒植物给草原畜牧业带来的灾害，并采取了相应的措施，但有毒有害植物对草原畜牧业发展的影响却有增无减，草原有毒有害植物的利用研究工作进展缓慢，远远不能适应我国草业可持续发展战略的需要。

毒草灾害对草业和畜牧业的发展构成一种“潜在的危险”，由过去的低风险上升为目前的高风险状态。必须坚持可持续发展战略、生态修复战略、草原安全战略，采取积极的防治政策，建立长效机制，根治毒草危害，实现草地的生态平衡与畜牧业的经济平衡，建立重大毒草灾害报告制度，实施草原毒草调查技术规范和防治标准，逐步减少毒草灾害造成的经济损失。以鼓励科技创新为依托，在研究和推广治理毒害草技术的同时，有效利用和保护草原毒草资源为民谋福利。

第三节　毒害草防治存在的问题

到目前为止，草原有毒有害植物的防灾工作一直没有得到足够重视。基础性研究相对薄弱，对有毒有害植物的种类、数量、地区分布、占有面积、受害畜种、危害程度、经济损失等有关权威的本底资料缺乏，各地的研究者报道的数据资料可比性差。面上的一般性的研究调查较多，而针对某一种有毒有害植物的深入研究偏少。例如，有毒有害植物种群繁殖扩散机理的研究是防除工作的重要理论基础，但文献对此涉及极少。有毒有害植物造成的经济损失的估测和草原有毒有害植物防除的经济阈值问题在国内尚属空白。防除技术单一，注重除草剂筛选和人工挖除，忽视草原科学合理利用防治；重家畜中毒的治疗，轻有毒有害植物开发利用；研究部门各专业互不联系，多是站在本专业角度上做有毒有害植物的研究，所形成的技术单一，只是片面的解决问题，考虑整体和长远的利益与生态问题有限，对草原毒草的蔓延和家畜被迫啃食毒草束手无策；有毒有害植物的化学控制手段与草原植被快速恢复之间严重脱节，没有形成有机地结合；而且所取得的科研成果具有地区和行业间的局限性，得不到大面积的推广应用。虽然人们已经认识到有毒有害植物给草原畜牧业带来的灾害，并采取了相应的措施，但有毒有害植物对草原畜牧业发展的影响却有增无减，草原有毒有害植物的利用研究工作进展缓慢，远远不能适应我国草业可持续发展战略的需要。

草地毒害草防控技术研究

第一节　生物防控技术

生物防治是以生态学、生态经济学理论为依据，通过调查、采集和筛选，选出安全有效的专一性优势天敌昆虫，进行大量繁殖、释放，人为辅助天敌扩散，使天敌在毒害草发生区与毒害草建立新的生态平衡，从而使毒害草群落控制在经济危害水平之下，达到长期防治恶性毒害草滋生蔓延的目的。

我国拥有草地约60亿亩（$1hm^2=15$亩，全书同），受恶性毒害草蔓延侵害的约13亿亩，占全国草地资源的1/3，在受毒害草危害的广大草原上，采取“以虫治草”的生物防治措施，控制恶性毒害草的蔓延和危害，可取得事半功倍的效果，具有广阔的应用前景。

深入毒害草发生区调查和收集主要毒害草的天敌昆虫，然后进行鉴定和室内饲养，初步筛选出优势天敌。对初选出的天敌进行生物学生态学特性和寄主专一性测定，筛选出安全有效的优势天敌种类。对入选的天敌进行饲养、繁殖和野外释放效果的研究，探索实现“以虫治草”的目的，为草原畜牧业生产提供科学依据。恶性毒害草在天然牧草地大量滋生蔓延并形成有害的杂草群落，主要有以下几方面的因素：一是发生地的气候、土壤等环境条件有特别适合该毒害草生长的因素；二是与该毒害草维持平衡的并能将该毒害草控制在一定水平的天敌（植食性昆虫、病原微生物）缺乏或受到抑制有关；三是毒害草本身具有毒，对周围其他植物有抑制作用。所以通过人为引入天敌控制毒害草的滋生和蔓延的研究思路是可行的。

在毒害草发生区调查和采集主要毒害草的天敌昆虫，带回室内进行鉴定和饲养观察，筛选出优势天敌种类；在田间种植寄主植物，主要选择一些经济作物、观赏植物和主要寄主植物的近缘植物，对初选的优势天敌进行寄主专一性和食性测定，筛选出专食性的优势天敌；对筛选出的专食性的优势天敌进行进一步的饲养和观察，了解其生活史、生活习性、行为特征，并进行其生物学生态学特性测定；对专食性的优势天敌昆虫进行繁殖和田间释放实验，观察防治效果；进行不同防治方法（化学药剂、机械防除、生物防治）实验，对以虫治草的防治效果进行评价。

生物防治技术措施，利用有益的天敌昆虫（螨）、病原微生物控制乳浆大戟、加拿大蓟及针茅芒刺的危害，达到“以虫（螨）治草、以菌治草”的目的。对天敌生物学特性、寄主专一性、室内饲养繁殖、野外释放及控制效果评价等进行系统研究，并结合生产实际摸索出一套利用天敌控制毒害草的成熟的技术体系，为利用天敌控制有毒有害杂草提供理论和实践依据。

生物防治就是利用自然界寄主范围较为专一的植食性动物或植物病原微生物之间的拮抗或相克作用，将毒草种群控制在生态允许范围内的一种方法，主要包括引进植物天敌（昆虫、寄生植物、病原微生物）和选择性放牧。我国对草原毒害草生物防治的研究始于20世纪90年代初，主要针对内蒙古草原发生的乳浆大戟的天敌进行了系统调查，发现了14种天敌，这些天敌对乳浆大戟的控制发挥着重要作用。利用泽兰实蝇防治紫茎泽兰在我国云南取得了成功。草叶象甲、棘豆莉马和棘豆叶螨也均能破坏棘豆属草种，影响其萌发，且专一性强，对其他植物种子不会造成破坏。Ralphs等研究表明，飞燕草盲椿象能有效降低高飞燕草中有毒生物碱含量，可以降低家畜采食高飞燕草中毒的风险。Thompson等研究发现，放养可专嗜性采食的昆虫可有效控制黄芪及棘豆。利用植食性昆虫可以在一定程度上抑制毒草的蔓延，且特异性强，但需预防生物入侵的发生。

同时，也可通过接种特异性病原菌以引起疯草特异性病害，从而达到抑制毒害草蔓延的目的。李玉玲等和张扬等通过研究甘肃、青海等地黄花棘豆锈病的发病率及发病后对黄花棘豆生长的影响，发现利用黄花棘豆锈病能取得较好的生物防治效果。姚拓等研究表明狼毒栅锈菌，在人工接种情况下对狼毒种群数量具有明显的控制作用。李春杰等研究了使醉马草致病的7种病原菌，这对进一步开展醉马草的生物防治有着极其重要的意义。国外对特异性病原菌的利用也有较长的历史，据报道，1971年澳大利亚从意大利引进一种粉苞苣柄锈菌防治菊科杂草粉苞苣，不到1年的时间，这种锈菌就传遍了澳大利亚东南地区粉苞苣分布区，很好地控制了其蔓延。继20世纪80年代初第一个商品化生物除草剂Devine正式进入市场以来，又有2个新的生物除草剂产品 Biochon 和 Camprico 获得商业化生产。该方法特异性强，简单易行，但见效慢，且不易控制。

另外，利用家畜等草食动物对某些植物毒素敏感程度的不同，进行选择性放牧，也是生物防除的一种手段。如飞燕草对山羊无毒害作用，但牛若误食却极易中毒，因此在飞燕草分布较为集中的地段，可先人为地组织山羊反复放牧，耗竭其生机，待飞燕草逐渐消退后，再放牧其他家畜。

生物防治是一种经济有效、持久稳定、且无污染的方法，在地形复杂、条件恶劣、气候多变的特殊环境中更能显示出其独特性。虽然生物防治见效慢，且面临的困难较多，但从长远来看，它应成为毒害草控制的主要途径。

第二节　物理防控技术

1. 机械防除

利用人工割除或拔出，是最原始但也是最安全的防除途径，但该方法需要投入大量人力、物力且效率低，仅适用于早期或小规模的毒害草的侵扰。利用机械刈割毒害草，作业时往往受到地形和空间的限制。同时，人工和机械防除在挖除毒草同时也挖除了其他优质牧草，破坏草地植被，易导致草地沙化、退化。另外，毒草根系都很发达，很难将其彻底清除，而遗留残根次年可再度长出毒草，防治的成功率较低。

2. 火烧法

有计划的火烧，也是控制毒害草的一种传统方法，如对雀麦属、蓟属和矢车菊属等的控制均可利用。焚烧时间的选择是采用该方法的关键，一般应在牧草结种并衰老后，毒害草结种时实施。火烧法通过毁灭性的消除毒草地上部分和凋落物层，为土壤注入大量速效养分，同时简便易行，省工省时，短期效果明显，但该方法选择性差，且不能根除，故此法只能作为一种补充性措施应用。

第三节　化学防控技术

对毒害草分布面积较大的区域多选用除草剂进行化学除草。化学除草剂按其对植物杀伤程度的不同分为：①灭生性除草剂。这一类药剂在一定剂量时能杀死各种植物，如 2,4-D 丁酯、2 甲 4 氯、敌稗等。②选择性除草剂。

在一定剂量下，只对某一类植物有杀伤力，对另一类植物无害或为害小，如五氯酚钠、百草枯、敌草隆等。按化学除草剂的主要化学成分，可以分为苯酚类、二苯醚类、磺酰脲类、苯氧羧酸类、脲类、有机磷类和酰胺类等。目前应用较多的药剂为2,4-D丁酯、2甲4氯、施它隆、T-101、G-520、草甘膦、使它隆、百草敌、茅草枯、3，6-二氯-2-吡啶羧酸、3，6-二氯-2甲氧基苯甲酸等。其中，2,4-D丁酯对黄芪属、棘豆属、大戟和马先蒿等防除效果可达95%以上。使用浓度为1：200的2,4-D丁酯对孕穗期的醉马草、芨芨草进行喷洒，灭除率大于93.10%，大面积防除灭除率达85.00%以上。中国科学院寒区旱区环境与工程研究所于2001年研制的43.2%灭狼毒超低容量制剂和青海省畜牧兽医科学院研制的防除狼毒的复配除草剂等均能有效抑制狼毒群落，促进禾本科牧草生长。此外，一些国际农药公司也致力于草原毒害草防治除草剂新品种的研发。如陶氏益农公司的氯氨吡啶酸、GF-839（代号）可防除禾本科草地的一年生和多年生阔叶杂草，且持效期长。化学防除具有高效、速效和操作简单等特点，但也存在诸多缺点，主要表现在：一是缺乏特异性，对毒草及其他牧草都具有杀灭作用；二是不能杀死土壤中大量贮存的毒草种子，需多次重复用药，经济成本高；三是除草剂残留会对草地、空气、土壤、草产品和畜产品造成污染，因此，应与其他手段相结合来进行毒害草的防控。

常见除草剂的作用机理、特点及毒性

1. 草甘膦（Clyphosale）

主要抑制植物体内烯醇丙酮基莽草素磷酸合成酶，从而抑制莽草素向苯丙氨酸、酪氨酸及色氨酸的转化，使蛋白质的合成受到干扰导致植物死亡；用药成本低、传导性强、药效好、杀草谱广、环境兼容性优；水剂，可溶性粉剂。对鱼类、鼠类毒性低。

2. 2,4-D丁酯（2,4-DButylate）

该除草剂被叶片吸收后转运至植物的分生组织，导致茎秆卷曲、叶片萎蔫，最终造成植物死亡，成本低，应用范围广，单一使用时，杂草已产生抗药性；油乳剂，毒性低。能降低小鼠精子活性，对人类具有免疫毒性。

3. 使它隆（Starane）

该除草剂被植物叶片和根迅速吸收，在植株体内传导，导致植株畸形、扭曲，半衰期短、对作物较安全、增产效果好，对阔叶杂草具有高效防除能力，油乳剂，毒性低。大鼠经口 LD_{50}为2 405mg/kg。对大鼠眼结膜有轻微刺激，对皮肤无刺激性。

4. 甲磺隆（Metsulfuronmethyl）

该除草剂被杂草根、茎叶吸收并迅速向顶部和基部传导，施药后数小时内迅速抑制杂草根和幼芽顶端生长，植株变黄，组织坏死，3～14d 全株枯死，可湿性粉剂，毒性低。大鼠的急性经皮 LD_{50}>2 000mL/kg，大鼠吸入（4h）LC_{50}>5. 3mg/L。

5. 百草枯（Paraquat）

该除草剂的有效成分对叶绿体层膜破坏力极强，通过影响植物叶绿体的电子传递，阻断能量转换来中止叶绿素合成，无传导作用，只能使着药部位受害，有速效、广谱、在土壤中迅速钝化等优点；其斩草不除根的特性，使其在减缓水土流失、保肥保墒的保护性耕作方面具有重要作用，水剂。小鼠的经口 LD_{50}为 110～150mg/kg，大鼠经口 LD_{50}为 57～150mg/kg。

6. 二甲四氯（Chipton）

植物通过根、茎、叶吸收除草剂后，加强呼吸作用，使接受状态的 DNA 活化，合成更多的蛋白和酶类，酶刺激了细胞、细胞壁急速增加，造成杂草局部或整体扭曲、隆肿、爆裂、变色、肿瘤、畸形直至死亡，性质稳定，除草效果良好，对农作物比 2,4-D 类化合物安全，应用较广泛，水剂，可溶性粉剂，可湿性粉剂。大鼠经口 LD_{50}为 590mg/kg。

7. 迈士通（Aminopyralid）

主要成分为氯氨吡啶酸，属合成激素型除草剂。通过植物茎、叶和根被迅速吸收，在敏感植物体内，诱导植物产生偏上性反应，从而导致植物生长停滞并迅速坏死，适用期宽，杂草出苗后至生长旺盛期均可用药。产生抗性概率低。代谢除产生 CO_2 外未发现其他影响土壤 、水质的产物，水剂，低毒，无致畸、突变、致癌作用。大鼠急性经口 LD_{50}>5 000mg/kg；大鼠急性经皮 LD_{50}>5 000mg/kg。

第四节　替代防治技术

替代防治是根据植物群落演替规律，选择种植演替中后期出现的植物，对有毒有害植物形成缺光以及水肥竞争的高胁迫生境，抑制其生长繁殖，最后以人工植被替代之。该方法在外来入侵植物紫茎泽兰（*Eupatorium adenophora* Spreng.）和豚草（*Ambrosia artemisiifolia* L.）的防治中有比较成功的应用。我国研究者证实人工补播豆科牧草沙打旺（*Astragalus adsurgens*

Pall.）后，草地瑞香狼毒的种群繁衍受到抑制，优良牧草则逐渐恢复生长。黄玺等研究发现紫花苜蓿对醉马草具有持续、强烈的竞争抑制作用，经长期竞争演替，可能替代醉马草。该方法科学、经济、无生态破坏，但见效慢，对气候有要求，且替代植物必须满足适生、生长快且具有较高的经济价值，在短时间内郁蔽度可达到70%的特点，因此不宜大规模推广。

植物化感物质必须是那些能够通过有效途径释放到环境中的次生物质，这是化感物质区别于植物与昆虫、植物与其他动物之间相互化学作用物质的唯一特征。雨雾淋溶等自然水分因子能够从活体植物的茎、叶、枝、干等器官表面将化感物质淋溶出来，对于水溶性的化感物质是很容易被淋溶到环境中的，一些油溶性的化感物质虽然在水中的溶解度很小，但在一些其他物质的共溶情况下，也可以被雨雾淋溶到环境中。植物组织的死亡和损伤可以加速化感物质的淋溶。植物体中含有许多对其他有机体的毒素，这些植物毒素在其活体中往往很难被淋溶出来，当植株死亡后，这些植物毒素特别是亲水性的毒素，可以迅速地被淋溶出来。

许多植物都可以向环境释放挥发性物质，尤其是在干旱和半干旱地区的植物。许多挥发性物质能够抑制或促进临近植物的生长发育。Muller 等（1964）通过对南加州海岸灌木释放的挥发性物质的研究，揭示了挥发性化感物质在化感作用中的价值。在澳大利亚，对按树释放挥发性菇类物质的化感功能特别进行了深入的研究（Willis，1999）。许多化感物质是可以同时通过雨雾淋溶和自然挥发两种途径进入环境的。对一些植物而言，这两种途径是可以相互转化和共同发生的。当干旱、高温条件出现时，挥发途径是化感物质释放的主要方式，但当多降水、高湿度情况出现时，淋溶成为化感物质释放的主要方式。

根分泌是指那些健康完整的活体植物根系由根组织向土壤中释放化学物质。一般而言，新根和未木质化的根是分泌化学物质的主要场所。温带谷类植物每天根部分泌的化学物质都在每克根干重的 50~150mg 范围内（Chang 和 Zhang，1986）。谷类作物的化感作用主要是通过根分泌的途径进入土壤的，用 XAD-树脂采集根分泌物的技术，可以采集黑麦不同品种通过根分泌的轻基肪酸。谷类作物通过根分泌轻基肪酸的量与环境和自身的生长阶段有关，环境胁迫和成熟的作物能从根部分泌较多的轻基肪酸（Nimeeyer 和 Peerz，1995）。根部除了能直接分泌化感物质外，另一个释放化感物质的途径是植物残根在土壤中分解而释放化感物质。死亡和损坏的植物根组织能被土壤中的水分淋溶或经土壤微生物及其他物理化学因子的作用而产生和释放化感物质到土壤环境中。

1. 紫茎泽兰的化感作用

紫茎泽兰作为一种入侵杂草和有毒植物，危害农作物、草地和森林。实验证明，紫茎泽兰提取液对许多牧草和其他植物的种子萌发及幼苗生长具有化感作用，但是对不同植物的作用效果差异较大。研究表明，紫茎泽兰叶片凋落物的低浓度水提液对紫花苜蓿和辣子草（*Galinsoga parviflora*）幼苗生长存在显著的化感促进作用，而高浓度的水提液对白三叶、辣子草和紫花苜蓿幼苗的生长存在显著的化感抑制作用；但是，水提液对多年生黑麦草（*Lolium perenne* L.）幼苗生长的影响不显著（万欢欢等，2011）。紫茎泽兰可能通过其叶片凋落物在入侵地土壤中降解并释放化感物质，从而实现对伴生植物的种子萌发和幼苗生长的抑制。另外一项关于紫茎泽兰地上部分5%的榨取液对我国亚热带16种牧草的种子萌发和幼苗生长影响的研究表明，榨取液对少数牧草的发芽率、死亡率和败育率有显著影响，但是对所有幼苗生长都没有明显抑制作用（钟声等，2007）。类似的研究同样证明，不同植物对紫茎泽兰化感作用的敏感程度不同，紫花苜蓿对紫茎泽兰的化感作用最不敏感（郑丽和冯玉龙，2005）。

2. 黄花棘豆的化感作用

黄花棘豆水提液可抑制燕麦种子萌发和幼苗生长，化感抑制作用随着水提液浓度的增大而增强，高浓度的黄花棘豆水提液会导致燕麦和油菜幼苗根畸形并抑制根尖有丝分裂。综合分析认为，黄花棘豆水提液的化感机制主要是通过降低幼苗渗透调节物质含量、抑制保护性酶活性、增加膜脂，过氧化伤害和导致根尖细胞分裂缓慢，从而抑制燕麦种子萌发和幼苗生长。

草地有毒有害草生物防控——天敌资源利用

第一节　乳浆大戟主要天敌种类

通过多年对乳浆大戟天敌昆虫调查研究，发现乳浆大戟天敌16种，其中天敌昆虫8种，微生物天敌8种。在16种天敌中，乳浆大戟天蛾（*Hyles lineata livornica*）、大戟天牛（*Oberea erythrocephala*）、大戟透翅蛾（*Chamaesphecia tethredinifnrmis*）、大戟黄跳甲（*Aphthona chinchihi*）、大戟黑跳甲（*A. seriata*）为优势天敌昆虫，其中乳浆大戟天蛾、大戟透翅蛾是研究中发现的2个新种（表5-1，表5-2）。

表5-1　乳浆大戟主要天敌昆虫种类

	天敌昆虫种类	取食部位	采集地点
叶甲 Chrysomelidae	黄跳甲 *Aphthona chinchihi* Chen	茎、叶	甘肃、内蒙古、宁夏
	黑跳甲 *Aphthona seriata* Chen	茎、叶	甘肃、内蒙古、宁夏
长蝽科 Lygaeidae	横带长蝽 *Lygaeus equstris*（Linnaeus）	茎、叶	内蒙古各地
天牛科 Cerambycidae	大戟天牛 *Oberea erythrocephala* Schrank	茎、叶	内蒙古呼郊和林格尔县
芫菁科 Meloidae	腋斑芫青 *Mylabris axillaris* Billerg	叶、花	内蒙古呼郊和林格尔县
透翅蛾科 Sesiidae	大戟透翅蛾 *Chamaesphecia tethredinifnrmis*（Sch.）	种子	内蒙古呼和浩特市
天蛾科 Sphigidae	大戟天蛾 *Celerio*（*Hyles*）*tinea*（F. speT）	茎、叶	内蒙古呼郊和林格尔县
瘿蚊 Cecidomyiidae	瘿蚊 *Bayeria* sp.		

表 5-2　乳浆大戟主要病原微生物种类

病原微生物种类	取食部位	采集地点
内生锈菌 *F. ndophyLLum emascu LatwA Atth.*	茎、叶	甘肃、内蒙古、宁夏
大戟栅锈菌 *M. elampsora euphorbiea Cast.*	茎、叶	内蒙古各地
卡尔单胞锈菌 *Uromyces kaLmussi Sacc.*	茎、叶	内蒙古呼郊和林格尔县
条纹单胞锈菌 *Uromyces striateLLus Tranz.*	叶、花	内蒙古呼郊和林格尔县
单胞锈菌 *Uromyces striatus Schrot.*	种子	内蒙古呼和浩特市
多变大戟锈孢锈菌 *Aecidum thithymaLia Arth.*	茎、叶	内蒙古呼郊和林格尔县
大戟锈孢锈菌 *Aecidum euphiae CmeL.*	茎、叶	
白粉菌 *F. rysiphe*	茎、叶	

第二节　加拿大蓟主要天敌种类

加拿大蓟为菊科蓟属，我国称丝路蓟，别名野刺儿菜，国外多称加拿大蓟。该杂草为多年生杂草，根直伸，茎直立，高 20~50cm，靠种子和地下根传播，其蔓延速度极快。在我国的部分省区，该草已侵入农田和牧场，给当地的农、牧业生产带来了严重的危害，近年来该草在我国的分布有逐渐扩大的趋势。国外加拿大蓟原分布于欧洲、西亚和北非，现已扩散到加拿大、美国、新西兰、澳大利亚等国。在美国蒙大拿州，该草密度达 3 株/m^2时可使小麦减产达 15%，在加拿大其密度达 30 株/m^2可使小麦减产 60%，并严重影响苜蓿的生长。

国内多分布于新疆、甘肃、西藏及内蒙古各地，在内蒙古主要分布于鄂尔多斯市、巴彦淖尔市（磴口县）、阿拉善盟额济纳旗、贺兰山，特别是在呼和浩特市大青山一带、和林格尔县南天门林场等地。

国外对该草的生物防治工作开展较早，如英联邦生物防治研究所于 1961 年开始在欧洲进行该草天敌昆虫调查及利用等方面的研究，随后加拿大也开始了这项工作。到目前为止，对该草开展研究的国家有美国、英国、加拿大、新西兰等近 10 多个国家。我国从 20 世纪 90 年代开始对蓟进行生物防治的研究，丁建清等对新疆地区蓟的天敌昆虫进行了调查。近年来，中国农业科学院农业环境与可持续发展研究所与草原研究所及美国农业部共同对加拿大蓟进行生物防治研究。在调查中，发现了天敌昆虫 11 种见表 5-3，其中一种取食加拿大蓟叶片的昆虫，经外国专家鉴定为一新种，定名为 *Coll. campoboasso*，国内外尚无人研究报道。该虫是影响加拿大蓟生长发育的重要天敌昆虫，有希望成为控制加拿大蓟的新的生防作用物，调查发现加拿大蓟天敌昆虫 10 种。在 10 种天敌昆虫中，加拿大蓟绿叶甲（*Thycophysa campoboasso*）、欧洲方喙象（*Cleonus piger*）、蓟跳甲（*Altico cirsicata*）为优势种，其中，加拿大蓟绿叶甲经外国专家鉴定为一新种。

表 5-3　加拿大蓟天敌昆虫

	昆虫种类	取食部位	采集地点
叶甲 *Chrysomelidae*	绿叶甲（*Coll. campoboasso*）	茎、叶	甘肃、内蒙古各地、宁夏
	黑跳甲（种名待定）	茎、叶	甘肃、内蒙古各地、宁夏
	蓟跳甲（*Altico cirsicata*）	茎、叶	甘肃、内蒙古各地
象甲 *Curculionidae*	菊花象（*Larinus planns*）	花	内蒙古呼郊和林格尔县
	扁翅筒象甲（*Lixus depressipennis*）	茎、叶	内蒙古各地
	欧洲方喙象甲（*Cleonus piger*）	茎、叶	内蒙古呼郊和林格尔县
	绿象甲（种名待定）	叶、花	内蒙古各地
	茶翅蝽		内蒙古各地
蛱蝶科	（种名待定）		内蒙古各地
芫菁科 *Meloidae*	苹斑芫菁 *Mylabris calida Pallas*	叶、花	内蒙古呼郊和林格尔县
实蝇科 *Trypetidae*	实蝇 *Urophora sp.*	种子	内蒙古呼和浩特市
麦蛾科 *Gelechiidae*	（种名待定）	茎、叶	内蒙古呼郊和林格尔县

第三节　针茅芒刺主要天敌种类

通过 3 年调查，发现针茅天敌昆虫（螨）5 种：针茅狭跗线螨（*Steneotarsonemus Stipa* Lin & Liu）、针茅小蜂（*Geometridae* sp.）、离缘蝽（*Chonrosoma breuieolle*）、细角迷缘蝽（*Myris glabellus*）、芨芨草小毛蚜（*Eurytomidae* sp.），其中针茅狭跗线螨为发现的新种。该螨为植食性螨，对控制针茅芒刺的发生有较强的抑制作用；病原微生物天敌 12 种，其中茎黑粉病［*Ustilago hypodytes*（Schlecht.）Fries］、穗黑粉病［*Ustilago williamsii*（Griffiths）Lavrov］、叶枯病（*Ascochyta* sp.）、茎枯斑病（*Hendersonia* sp.）和锈病（*Puccinia stipae* Earth）5 种病害均属国内新发现的针茅病害，对针茅芒刺有很高的感染率，以穗黑粉病在针茅草场上发生较为普遍。

通过几年的调查研究，发现针茅天敌昆虫 6 种，病原微生物天敌 12 种，其中针茅狭跗线螨为一新种，对控制针茅芒刺有一定的抑制作用，针茅狭跗线螨成熟时期田间感染率达 36%。5 种病原微生物天敌对针茅有很高的感染率。受感染的颖果不能抽穗，造成畸形种子，形成种子的芒刺少而软。特别是在大针茅孕穗前期、孕穗期、抽穗期间，由于大针茅被狭跗线螨感染，使大针茅孕穗而不抽穗，抽穗而不结实，形成褐色穗、扁穗。请跗线螨分类专家、福建省农业科学院（全书简称福建省农科院）植保所林坚贞研究员鉴定，感染针茅的狭跗线螨虫为国内新种，在针茅草原上发现，定名为针茅狭跗线螨（*Steneotarsonernus Stipa* Lin & Liu Spnor）。针茅狭跗线螨是国内在针茅草原上发现的一个新种。在大针茅草场上，又发现 5 种大针茅真菌病害，除茎黑粉病于 1997 年发现并报道外，其余 4 种是穗黑粉病、叶枯病、茎枯斑病和锈病。这 5 种病害均属国内新发现的大针茅病害，其中穗黑粉病在大针茅草场上发生较为普遍，其他仅有少量或微量发生。

大针茅天敌针茅狭跗线螨。

每年 7—8 月，在针茅孕穗、抽穗期间，由于针茅被一种狭跗线螨感染，针茅孕穗而不抽穗、抽穗而不结实，或形成褐色穗、扁穗。经采集制作标本，并请中国跗线螨分类专家福建省农科院植保所林坚贞研究员鉴定，感染针茅的跗线螨为国内新种，定名为针茅狭跗线螨（*Steneotarsonernus stipa* Lin &Liu Spnor）。

对针茅草原针茅属植物的调查研究中发现，在大针茅的生长发育中，对针茅造成病害的主要害虫有 6 种、病源微生物 12 种，其中有 4 种病源微生物能引起大针茅穗部败育，造成针茅种子不能正常成熟。调查者发现，特别是在大针茅孕穗前期、孕穗期、抽穗期间，由于大针茅被一种狭跗线螨感染，使大针茅孕穗而不抽穗，抽穗而不结实，形成褐色穗、扁穗，使第二年返青的大针茅株丛、株高下降，因大针茅主要依靠营养繁殖和种子繁殖来维持它在群落中的优势地位。经研究发现此虫不仅影响大针茅的生殖生长，同时影响针茅株丛分蘖营养生长，对大针茅生长造成很大的危害，我们将此虫采集制作标本，由跗线螨分类专家，福建省农科院植保所林坚贞研究员鉴定，感染针茅狭跗线螨虫为国内新种，在针茅草原上首次发现，定名为针茅狭跗线螨（*Steneotarsonernus Stipa* Liu & Liu Spnor）。针茅狭跗线螨是国内在针茅草原上发现的一个新种。

针茅狭跗线螨是植食性寄生昆虫，主要发生于大针茅上，其他植物上未见发生。针茅狭跗线螨不同时期在同一枝条上其卵、若螨、成螨都有，一年发生多代，世代重叠严重，大多数卵产于穗部，也有产于叶鞘内，越冬后第 2 年春季生长扩散，基本不受干旱和多雨气候的影响，生命力很强。营养生长时期，受针茅狭跗线螨的感染的幼苗存活率很低，种群中幼龄和成年株丛的比例呈下降的趋势，而老龄株丛的比例呈增加的趋势，大针茅种群中的株从数大小、种群密度和大针茅的竞争力都大大降低。受针茅狭跗线螨感染的大针茅的营养技、生殖枝株丛直径都不一样。如正常大针茅株丛直径是 3~5cm，受针茅狭跗线螨感染的株丛直径是 3cm 以下。未感染大针茅生殖枝是 8 个，营养枝 12~29 个，感染针茅狭跗线螨的生殖枝是 3~5 个，营养枝是 11~26 个。大针茅依赖于营养繁殖和种子繁殖，受针茅狭跗线螨感染后，大针茅的营养繁殖下降，特别是严重影响大针茅的生殖生长，使其种子繁殖率有很大的降低。在针茅的生长发育时期，影响针茅的开花、结实及种子成熟，使大针茅植物不能开花或推迟开花，针茅狭跗线螨在针茅的营养生长时期田间感染率是 18. 99%，孕穗期达 20. 46%，种熟期达 36%。受针茅狭跗线螨感染后，针茅颖果不能正常抽穗造成种子畸形、扁穗、使针茅种子的繁衍能力下降，因大针茅有两种繁衍方式，也即靠根蘖分生和靠种子繁殖，种子繁殖占绝对主导地位，因针茅狭跗线螨抑制针茅生殖生长，使大针茅在针茅草原中的主要建群种，逐渐衰退由禾草代替，导致针茅草地逐渐退化、沙化，草地的退化使植物的自我更新能力迅速下降，又使草地的生产力降低，在同样的放牧压力下，使草地形成退化逐年加剧的恶性循环。针茅狭跗线螨影响针茅生长发育抑制针茅生殖生长机理的研究，国内外没人进行此项研究，针茅狭跗线螨生物学、生态学特性及发生与外界环境的关系研究。

针茅狭跗线螨是针茅草原上发现的一个新种，研究针茅狭跗线螨生物学、生态学特性结合对针茅属植物生殖生长抑制机理，现国内没有此项研究，针茅狭跗线螨集中感染大针茅穗部感染率高，繁殖速度快，造成大针茅穗部不能抽穗、种子畸形、粘连。直接影响针茅种子的存活率。同样影响针茅的自然更新速率，将会形成逐步削弱大针茅在草群中的优势地位，造成针茅草地退化、沙化，影响草地畜牧业的发展。

通过针茅狭跗线螨对针茅草原、大针茅不同生长发育时期营养生长、结实、成熟时期，抑制针茅生殖生长机理的研究，达到控制针茅狭跗线螨危害的目的。搞清针茅狭跗线螨抑制大针茅生殖生长机理，揭示大针茅种子繁殖的重要生物影响因素，提高大针茅种子的繁殖更新能力。为西部开发生态建设、草地畜牧业发展提供理论依据。

优势天敌昆虫的生物生态学特性

第一节　大戟天蛾生物学生态学特性及发生规律

（一）大戟天蛾的生物学特性

大戟天蛾在呼和浩特地区1年发生1~2代，以蛹在土中越冬，蛹期较长，约9个月。越冬代蛹6月初开始羽化成虫，成虫羽化不整齐，一直延续到7月下旬。6月中旬成虫产卵，卵孵化出现幼虫，6月下旬开始化蛹，蛹羽化出现成虫，此时的成虫田间蜜源植物少，乳浆大戟开花也不多，成虫营养不足，产卵成活率低、孵化的幼虫少，且发育慢，历期延长。7月下旬出现的第1代成虫，此时的平均温度为23℃，相对湿度69%，适宜成虫、卵、幼虫、蛹的发育，使羽化的成虫产卵量大，卵的孵化率高。在适宜温湿度条件下完成一个世代。若条件不适完成一个世代需60d左右。1代成虫盛发期集中在8月上中旬，卵的孵化历期短，到8月中旬是幼虫的盛发期，此时的均温是21℃，相对湿度80%，完成一代历期会延长。到9月中下旬，气温下降日均温14℃，相对湿度60%，幼虫开始入土化蛹越冬。

1. 大戟天蛾的生活习性

成虫产卵、产卵量及其寿命。成虫产卵大部分集中在7月底到8月初，成虫产卵受温度的影响，6月越冬代羽化的成虫，此时田间蜜源植物少，成虫营养不足，羽化的成虫产卵前期长，产卵量少。7月在均温23℃，相对湿度69%的条件下，成虫产卵量最多，平均458.2粒，最高可达566粒，而8月成虫产卵量降低。成虫平均产卵350粒。

大戟天蛾产卵具有选择性，在乳浆大戟、京大戟、狼毒大戟3种植物混合饲养中，成虫喜欢在乳浆大戟上产卵，很少在京大戟和狼毒大戟上产卵，成虫产卵选择在大戟植物幼嫩的叶背面，在没有嫩叶的情况下，在嫩枝条上也产卵。从表 6-1 中结果可以看出，大戟天蛾在乳浆大戟上能正常产卵生长，而在京大戟和狼毒大戟上成虫由于取量受影响，成虫产卵受到抑制，尤其在狼毒大戟上，雌虫寿命结束以前只产 184 粒卵（表 6-1）。

表 6-1　成虫产卵选择试验（方差分析）

重复	乳浆大戟 I	京大戟 Ⅱ	狼毒大戟 Ⅲ	三者混合 IV
1	458	270	184	328
2	348	223	106	306
3	416	218	118	276
显著性	C	B	a	b

大戟天蛾成虫对四种植物产卵选择性的方差分析如下（表 6-2，表 6-3，表 6-4）。

表 6-2　大戟天蛾成虫对四种植物产卵选择性的方差分析

变异来源	DF 自由度	SS 平方和	MS 均方	F 值	F 测检
组间处理	3	117 039. 583 3	39 013. 194 4	24. 576 5	0. 000 2
组内误差	8	12 699. 333 3	1 587. 416 7		
总 变 异	11	129738. 916 7			

表 6-3　大戟天蛾成虫对四种植物产卵选择性的置信区间

区组	统计次数	平均数	标准偏差	标准误差	平均数 95%置信区间
组 Ⅰ	3	407. 333 3	55. 509 8	32. 048 6	269. 437 9~545. 228 7
组 Ⅱ	3	237. 000 0	28. 688 0	16. 563 0	165. 734 3~308. 265 7
组 Ⅲ	3	136. 000 0	42. 000 0	24. 248 7	31. 665 1~240. 334 9
组 IV	3	303. 333 3	26. 102 4	15. 070 2	238. 490 8~368. 175 9
总变异	12	270. 916 7	108. 602 2	31. 350 8	201. 914 1~339. 919 2

表 6-4　大戟天蛾成虫对四种植物产卵选择性的显著性比较

平均数	方差	
136. 0000	组 Ⅲ	
237. 0000	组 Ⅱ	*
303. 3333	组 IV	*
407. 3333	组 Ⅰ	* * *

结果表明，大戟天蛾成虫对寄主有严格的选择作用，对乳浆大戟的产卵选择作用极显著（$P<0.01$）高于其他种类，其次是京大戟和乳京狼混合处理显著（$P<0.05$）高于狼毒大戟。成虫产卵喜欢在幼嫩的叶片背面，在没有嫩叶的情况下，在嫩枝条上也产卵。

在乳浆大戟上成虫的产卵期为 7d，第 1 天产卵数量较少，日产卵 10～60 粒，平均 50.2 粒，第 2 天后逐渐增多，第 4 天进入产卵高峰期，1 天可产卵 118～298 粒，平均 208 粒。第 5 天逐渐减少。1 头雌虫一生可产卵 350～566 粒，平均为 458.2 粒。乳浆大戟天蛾雌雄虫寿命略有差异，雌虫寿命为 7～9d，平均 8.6d；雄虫的寿命 6～8d，平均 7.2d，雄虫的寿命比雌虫寿命短 1～2d。

2. 不同饲养方法对乳浆大戟天蛾成虫产卵量及寿命的影响

（1）大戟天蛾成虫单养群养产卵量、寿命对比。单养成虫产卵量，大于群养的成虫产卵量，单对饲养的寿命长于群体饲养的，分析其原因，是由于种群拥挤造成空间食料方面生态位的竞争等原因所致。

在一定的空间，单对饲养 1 对成虫和群体饲养 10 对成虫，其产卵量、成活率均不同。单对饲养的成虫，因有足够的食料，有较大的活动空间，成虫的产卵量高，平均产卵 458.2 粒，存活率也相对较高。群体饲养的成虫，每头雌虫可利用的空间相对较少，增加了雌虫对产卵场所的竞争，交尾也受到影响，产卵量相对较低，平均产卵 350 粒，成活率也因食料、空间的竞争而相对较低。

温度对个体饲养和群体饲养成虫产卵量多少、寿命长短有明显差异，适宜温度为 24～26℃，成虫的寿命长、产卵量较多。温度低，成虫的寿命缩短、产卵量减少。6 月、7 月、8 月按月观察产卵特性和产卵量，将刚羽化的成虫 1 对，在室内自然温度下，观察设 3 次重复。

根据观察：成虫产卵大部分集中在 7 月底到 8 月初，成虫产卵受温度的影响，6 月越冬代羽化的成虫，此时田间蜜源植物少，成虫营养不足，羽化的成虫产卵前期长，产卵量少。7 月在均温 23℃，相对湿度 69% 的条件下，成虫产卵量最多，平均 458.2 粒，最高可达 566 粒，而 8 月份成虫产卵量降低。成虫平均产卵 350 粒（表 6-5）。

表 6-5　24～26℃下成虫产卵特性，产卵量及寿命

	产卵前期（d）	产卵期（d）	间隔期（d）	实际产卵（d）	一次产卵量（粒）	日产卵量（粒）	总产卵量（粒）	寿命（d）	
								雌虫	雄虫
平均数	2.5	7	1.8	4.6	50.2	208	458.2	8.6	7.2
幅度	1～3	2～8	1～2	2～6	10～68	118～298	350～566	7～9	6～8

6月、7月、8月按月观察产卵特性和产卵量，将刚羽化的成虫1对，室内自然温度下，观察设3次重复（表6-6）。

表 6-6　成虫产卵特性及产卵量

		产卵特性（d）				产卵量（粒）		
		产卵前期	产卵期	间隔期	实际产卵	日总平均	最高	平均
6月	均温 21.1℃ RH50%	6	8	2	6	30	200	128
7月	均温 22.8℃ RH69%	3	7	2	5	208	566	458.2
8月	均温 20.4℃ RH74%	2	8	1	6	120	380	350

（2）乳浆大戟天蛾卵的发育进度。将大戟天蛾20头成虫同期产的卵放入铺有滤纸的培养皿中，保湿观察卵的发育进度、孵化数。卵的历期13～15d，平均为13.8d。大部分卵从3～4d开始孵化，卵的孵化有两次高峰期，一般在5～6d为卵的第1次孵化高峰，间隙2d后，于第9～10天出现卵的第2次孵化高峰期，以后逐渐减少，直至全部孵化（图6-1）。

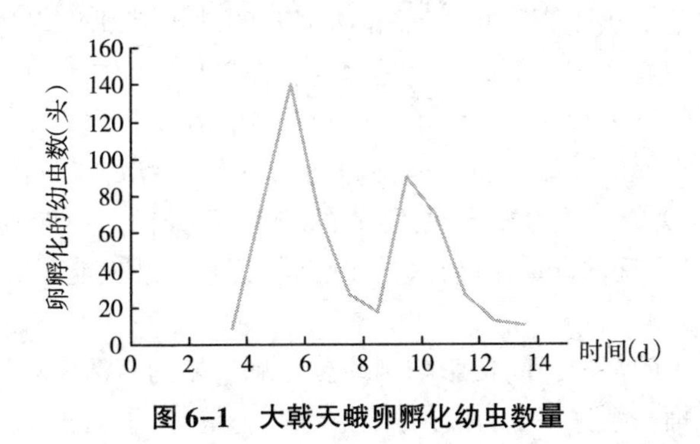

图 6-1　大戟天蛾卵孵化幼虫数量

（3）卵的发育和温度的关系。卵的孵化受温度影响，在18～20℃、

RH=50%条件下，卵的孵化率为 62%；在 22~24℃、RH=60%时，卵的孵化率是 70%；在 24~26℃、RH=80%时，卵的孵化率达 82%；在 28~30℃、RH=90%时，卵的孵化率是 54%；若温度超过 26℃以上卵的孵化受到抑制。由此可见，卵的孵化率与温度有很密切的关系。

在野外情况下湿度对卵的孵化，也有很大的影响。7 月气温高，雨量多，湿度大，卵孵化率高，存活率也增加，卵的历期缩短，但最适宜的湿度在 70%~80%，若超过这个范围，卵孵化率降低。6 月中下旬出现的越冬卵，因湿度小，卵的孵化很低，第 1 代成虫 7 月下旬产的卵，卵的孵化率高。这同 7 月进入雨季，湿度在 70%~80%，成虫的营养状况好有关。

（4）乳浆大戟天蛾幼虫的生长发育。乳浆大戟天蛾幼虫共 5 龄。刚孵化的幼虫体形较小，为 2~3mm，取食量小，每隔 2~3d 脱 1 次皮，每脱 1 次皮幼虫个体迅速增大，由初龄时 2~3mm，到 3 龄时增至 30~40mm，取食量也迅速增大，虫体颜色由黑褐色变绿色。3 龄幼虫是整个幼虫期最活跃，取食量最大的时期；3 龄以后，幼虫蜕皮的间隔时间延长，每隔 3~4d 脱 1 次皮，体形也在不断增大；4~5 龄幼虫的个体可增至 70~80mm；5 龄以后便进入化蛹阶段。

在不同的温度、湿度条件下，幼虫的生长发育速度不同。幼虫在最适宜温湿度 24~26℃、RH=80%下，幼虫发育速度快，成活率高，1 龄幼虫两天脱一次皮，成活率达 98%；而在 28~30℃、RH=90%时，1 龄幼虫虽然发育速度快，但由于温度高，成活率仅为 60%，说明温度对幼虫的发育速度影响比较明显。

在一定的空间，个体饲养的幼虫和群体饲养的幼虫，其存活率不同，个体饲养的幼虫很少出现死亡的，而群体饲养的幼虫其死亡率达 18.4%，且低龄幼虫群体饲养死亡率最高。这是因为，在单位空间中存在一定数量的幼虫，发生密度的制约和食料的竞争，幼虫取食存在干扰现象，由于拥挤阻滞生长，导致死亡率的增加；而个体饲养幼虫不存在密度制约和食料的竞争，无取食干扰的现象。湿度对幼虫发育的影响不明显，一般幼虫在 RH 为 60%~80%时最适宜发育。如能经常更换新鲜饲料，幼虫能正常发育（表 6-7）。

幼虫成活率的高低，间接影响到幼虫化蛹、蛹的存活率和羽化率，个体饲养的幼虫化蛹存活率高，蛹的羽化率也高；群体饲养的幼虫化蛹存活率低，羽化率也低，这是由幼虫发育是否完全造成的。

1 代蛹在常温下的历期为 15~18d，2 代蛹可长达 27d 左右，老龄幼虫化蛹时，大部分在5~8d，第7天为最多，以后逐渐减少。

表6-7　不同温度、湿度下幼虫的生长发育速度

温度、湿度	幼虫发育速度（d）						
	1龄	2龄	3龄	4龄	老龄	全幼虫期（d）	发育速度
18~20℃ RH50%	3.0	3.2	3.4	5.8	4.4	20.0	80%
22~24℃ RH60%	2.2	2.8	3.4	4.0	4.2	16.8	90%
24~26℃ RH80%	2.0	3.0	4.0	4.0	3.0	16.0	98%
28~30℃ RH90%	2.0	2.0	3.0	4.0	4.0	15.0	60%

（5）乳浆大戟天蛾化蛹、蛹的发育进度。进入预蛹期的老龄幼虫不食不动，静伏土壤之中，一代蛹在常温下的历期为15~18d，二代蛹可长达270d左右，老龄幼虫化蛹时，大部分在5~8d，第7天为最多，以后逐渐减少，根据100头蛹的观察得到化蛹量。化蛹进度如图6-2所示。

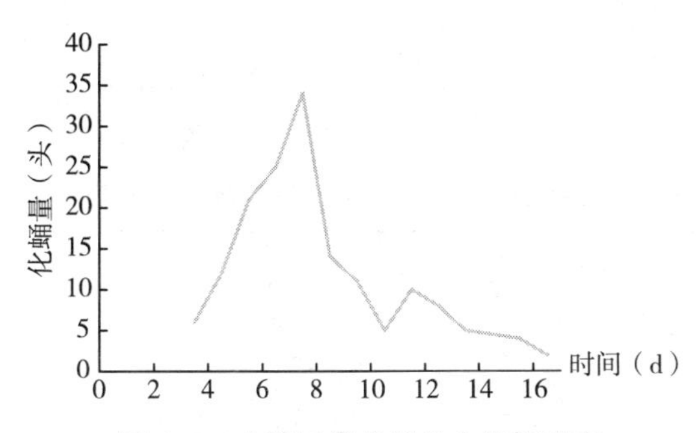

图6-2　大戟天蛾老龄幼虫化蛹进度

蛹的羽化与温度有着密切的关系，7月上中旬，室内和田间的温湿度较高，适宜蛹的羽化，羽化率高达96%以上。8月下旬以后，气温降低，田间的蛹大部分不能羽化，而室内饲养的蛹个别羽化，羽化率10.8%，羽化的成虫发育不完全。蛹的羽化最适宜温度在22~24℃。在常温18~20℃或22~24℃，湿度保持在60%~80%的条件下，取基本上同一时期的50头蛹在不同温度条件下，观察蛹的羽化率。在22~24℃时，蛹的历期为15d，羽化率达80%，在18~20℃时，蛹的历期达18d，羽化率只有30%。

（6）乳浆大戟天蛾各虫态发育历期。在适宜温度24~26℃时，成虫历期7d，卵的历期13.8d，幼虫期16.8d，蛹期15d。在温度18~20℃时，成虫历期长达11d，卵的历期15d，幼虫期20d，蛹期达18d。温度高，各虫态的发育历期短，温度低，各虫态的发育历期长。表 6-8 中结果说明，除成虫外，卵、幼虫、蛹发育历期与温度相关显著。

在温度 24℃下，卵的有效积温是 133.86℃·d，幼虫有效积温是 257.04℃·d，蛹的有效积温是 156℃·d，成虫有效积温是 81.9℃·d，大戟天蛾完成一个世代所需要的有效积温是 628.8℃·d（表 6-8）。

表 6-8　乳浆大戟天蛾成虫、卵、幼虫、蛹发育历期　(d)

温度	成虫(X)	卵(X)	幼虫(X)						蛹(X)
			一龄	二龄	三龄	四龄	老龄	全幼虫期	
18~20℃	11.0	15.0	3.0	3.2	3.4	5.8	4.4	20.0	18.0
22~24℃	7.0	14.0	2.0	3.0	4.0	4.0	3.0	16.8	16.0
24~26℃	7.0	13.8	2.2	2.8	3.4	4.0	4.2	16.0	15.0
28~30℃	6.8	13.0	2.0	2.0	3.0	4.0	4.0	15.0	14.0

可将每个纵向数据与温度做相关，根据相关分析温度对各历期的影响如下表（表 6-9）。

表 6-9　乳浆大戟天蛾成虫、卵、幼虫、蛹发育历期与温度变化相关分析

	温度			
	相关系数 R	R^2	F 值	F 显著性
成虫	0.792 82	0.628 57	3.384 62	0.207 2
卵	0.866 40	0.750 65	6.020 83	0.043 36
幼虫	0.816 80	0.667 16	4.008 93	0.048 32
蛹	0.942 86	0.888 98	16.014 71	0.027 1

表 6-9 中结果说明，除成虫外，卵、幼虫、蛹发育历期与温度相关显著，温度高，各虫态的发育历期短，温度低，各虫态的发育历期长。在适宜温度 24~26℃时，成虫历期 7d，卵的历期 13.8d，幼虫期 16.8d，蛹期 15d。在温度 18~20℃时，成虫历期长达 11d，卵的历期 15d，幼虫期 20d，蛹期达 18d。在温度 24℃下，卵的有效积温是 133.86℃·d，幼虫有效积温是 257.04℃·d，蛹的有效积温是 156℃·d，成虫有效积温是 81.9℃·d，大戟天蛾完成一个世代所需要的有效积温是 628.8℃·d。

在不同温度条件下，大戟天蛾成虫卵、幼虫和蛹的存活率不同，结果如下表（表6-10）。

表6-10　乳浆大戟天蛾成虫、卵、幼虫、蛹的成活率　（%）

温度	成虫	卵	幼虫						蛹
			一龄	二龄	三龄	四龄	老龄	全幼虫期	
18～20℃	82.0	40.2	46.0	70.0	80.0	87.0	80.0	72.6	63.0
22～24℃	84.2	60.0	40.0	60.0	80.0	86.0	80.0	80.0	80.0
24～26℃	99.2	82.0	80.0	90.0	93.0	94.1	95.0	90.4	98.0
28～30℃	70.0	36.0	38.0	70.0	70.0	80.0	70.0	70.0	60.0

表6-10中结果表明，大戟天蛾成虫、幼虫的成活率、卵的孵化率、蛹的羽化率，最适宜的温度范围是24～26℃，在此温度条件下，成虫的成活率高达99.2%，幼虫的存活率为90.4%，卵的孵化率为82%，蛹的羽化率为98%。温度在18～20℃时，成虫的成活率仅为82%，幼虫的成活率为72.6%，蛹的羽化率63%，卵的孵化率仅为40.2%。在温度低于16℃时，大部分的卵不能孵化。若温度过高，卵的孵化受到抑制，在温度28～30℃时，成虫的产卵及寿命也受到高温的抑制，成虫成活率为70%，卵的成活率为36%，幼虫成活率为70%，蛹的成活率为60%，从表中结果看出温度过低或过高抑制成虫、卵、幼虫、蛹的生长发育，降低成活率（表6-11）。

表6-11　乳浆大戟天蛾不同虫态发育历期与温度变化相关分析

虫 态	相关系数R	F值	R^2	F显著性
成虫	0.792 82	3.384 62	0.628 57	0.207 2
卵	0.866 40	6.020 83	0.750 65	0.043 36
幼虫	0.816 80	4.008 93	0.667 16	0.048 32
蛹	0.942 86	16.014 71	0.888 98	0.027 1

经过试验可以看出，乳浆大戟天蛾是寄主比较专一化的植食性昆虫，该天敌昆虫以幼虫取食大戟茎叶为主，在一定程度上，降低其目标草的生长能力和发育能力，控制乳浆大戟的蔓延和危害。在野外释放时，可利用幼虫发育历期长，且生命力强，具有很强的耐饥能力的特性，加大人工助增天蛾幼虫的密度，从而达到控制大戟植物的目的。室内大量饲养大戟天蛾是切实可行的，这为人工繁殖天敌成为可能，为野外释放天敌昆虫提供了科学理论依据。对乳浆大戟起主要控制作用的是越冬代幼虫，此时期正是6月中下旬，田间乳浆大戟正是生长期，是最有力的控制时期。在野外释放时，应尽量避

免在大范围内施用化学农药，为保护草地的生态平衡，将乳浆大戟控制在一定范围内，减少对天敌种群的伤害，采取适宜的保护措施，才能建立相对稳定的自然种群。

在北方草原，地域辽阔，草场类型多样。乳浆大戟在北方草地上，呈点片状分布，采取机械防除或化学药剂防治具有很大的局限性，采取生物防治措施，利用大戟天蛾防治乳浆大戟的蔓延危害，具有投资小、见效快、易大面积实施的特点；对乳浆大戟起主要控制作用的是越冬代幼虫，此时期正是6月中下旬，田间乳浆大戟正是生长期，是最有力的控制时期。在野外释放时，应尽量避免在大范围内施用化学农药，为保护草地的生态平衡，将乳浆大戟控制在一定范围内，减少对天敌种群的伤害，采取适宜的保护措施，才能建立相对稳定的自然种群；室内成虫饲养时，若群体饲养将增加对产卵场所的竞争，发生交配干扰现象，应在一定的空间减少成虫种群密度，使雌虫产卵量多，卵的存活率高，孵化多。幼虫群体饲养也发生取食干扰现象，由于拥挤导致死亡率的加大。

3. 大戟透翅蛾的生物学特性

（1）生活史及生活习性。乳浆大戟透翅蛾主要分布于内蒙古呼和浩特市武川县、伊盟、伊金霍洛旗。大戟透翅蛾1年发生1代，以老龄幼虫在根部越冬，寄主比较专一，偶尔也取食大戟属的其他植物，但食量很小。幼虫只取食乳浆大戟根部，蛀根率达30%，减少了根的贮存物，并妨碍了根部向地上部分输送营养，使其失去再造那些根部贮存物的能力，引起植物活力丧失，以至死亡。对乳浆大戟起到一定的控制作用，成虫交配后马上产卵，单雌产卵205粒，卵单产，在大戟开花期，大多数卵产于苞叶上，但当植物花期过后，雌虫又将卵产于茎叶上。卵期8~10d。在乳浆大戟苞叶和花上的卵明显比在叶片和茎上的卵的生存率高，孵化率也高。刚孵化的幼虫直接取食乳浆大戟茎叶表皮，之后迁移到木髓部以及根部，一个根部最多有6~7个幼虫，到第二年开春时幼虫又移到地上部茎基部取食，并在茎基部蛀成一个孔洞。幼虫期特别长。从夏季一直持续到翌年春天。

（2）对乳浆大戟的控制作用植物的影响。寄主比较专一，幼虫只取食乳浆大戟，偶尔也取食大戟属的其他植物，但食量很小。幼虫对乳浆大戟根系的取食，减少了根的贮存物，并妨碍了根部向地上部分输送营养，使其失去再造那些根部贮存物的能力，引起植物活力丧失，以至死亡。

4. 乳浆大戟天牛的生物学特性

大戟天牛是专食乳浆大戟的天敌昆虫，幼虫以蛀食大戟茎秆的木髓部为主，引起茎秆的枯黄死亡，减少根部的贮存物，最终导致植株的全部死亡；对地上部分枯黄死亡的大戟植株检查发现，6%是由大戟天牛幼虫蛀食造成。该虫专食性强，耐饥能力高，寿命也长，是比较理想的防治乳浆大戟的天敌昆虫。

（1）大戟天牛各虫态特征。成虫体长 6~14mm，非常纤细。头、触角及鞘翅黑色，其他部分橙黄色或橘红色。雄虫触角与体等长或稍短，雌虫的触角比雄虫短。鞘翅刻点粗深，排列不规则。足粗壮，卵 1.8~2.0mm，刚产的卵呈灰黄色，随着发育逐渐变成粉白色或粉红色。幼虫 5 龄刚孵化的幼虫粉白色，以后随发育逐渐加深，从粉白色至黄白色+橘黄色，直到化蛹。幼虫 3~4 龄时体最长，达 7~8cm，以后逐渐缩短变粗，体色加深呈橘红色，最后化蛹。

（2）生活史及生活习性。一般每年发生 1 代，条件不适时两年发生 1 代，以幼虫在乳浆大戟的茎秆中越冬。成虫 6 月中下旬出现，雄虫比雌虫早出现几天，经过两个星期的性成熟于 7 月上中旬交尾产卵。雌虫产卵有很强的选择性，在产卵前常围绕在乳浆大戟茎秆的上部旋转几次（一般 2~3 次），以选择产卵的目标。选择好产卵目标后做一个标记，并在做好标记的乳浆大戟茎秆上咬个洞把卵产于洞内。卵一般被植物的乳胶所覆盖，在洞内发育，成虫一生可产卵 40~60 粒，卵平均 8.6d 开始孵化。

成虫以乳浆大戟的茎叶为食，善飞翔喜欢在有树的地方栖息。成虫寿命较长，在 18~24℃室温下可存活 50d 左右。整个幼虫期在乳浆大戟植物的茎秆中度过以植物的木髓部为食。在粗茎中，孵化后的幼虫立刻向下打隧道取食；而在细茎中，幼虫则首先向下取食，然后才打隧道取食。3~4 个幼虫可消耗掉茎中所有的木髓组织，只留下茎的外壳组织。被幼虫蛀食的植物，一般在 7 月末凋谢、干枯，不再产生花和种子。

幼虫不论龄期大小，在冬季大部分均在植物的顶部。每个茎中只有一个幼虫完成发育，如果几个幼虫在同一个茎中或一个茎内有几个幼虫同时生存时有相互残杀的作用，一般是龄期小的幼虫死亡而大龄幼虫生存下来继续完成发育；若几个同龄期的幼虫在一个茎内生存，相互残杀的较少，但由于同时在一个茎秆吸收养分发育较慢；龄期延长。

在冬季，越冬幼虫基本上是处于休眠状态，食量也很小，但仍能完成发育。幼虫在化蛹之前，成熟的幼虫挖掘到根的顶部，在地上部分为蛹做准备。蛹期出现于 5 月中旬。

（3）大戟天牛对乳浆大戟的影响。大戟天牛的成虫以乳浆大戟茎叶为食，但并不影响到乳浆大戟的生存。由于成虫环绕产卵于植物茎的内部，幼虫对茎秆蛀食直接导致茎秆死亡，加之幼虫在茎部和根颈部的取食，大大减少了植物根部的贮存物，最终导致整个植株死亡。大戟天牛对植物危害最严重的是其幼虫，幼虫的蛀食是导致植物枯黄死亡的主要原因。在我们对乳浆大戟地上部分枯黄的植株检查中发现，因大戟天牛幼虫蛀食造成地上部分枯黄的占68%，其他是由于透翅蛾幼虫蛀食根部造成的。

(4) 大戟天牛幼虫的食性。在室内饲养条件下对大戟天牛幼虫进行了食性测定和耐饥能力试验。结果表明，大戟天牛幼虫对供试的豆科、禾本科植物、大戟的近缘植物、狼毒等均不进行取食，虽有个别幼虫有爬向供试植物茎叶的现象，但约24h以后大多数幼虫又离开供试植物静伏于盆壁和盆底的滤纸上，并未发现有取食供试植物的现象和咬食的痕迹。由此说明，大戟天牛的幼虫食性很专一。

在无乳浆大戟植株的情况下，将大戟天牛幼虫放入有湿滤纸的塑料盆中，幼虫能够存活两周以上，这说明大戟天牛幼虫的耐饥能力很强。

5. 乳浆大戟黄跳甲的生物学特性

国内乳浆大戟黄跳甲主要分布在内蒙古呼和浩特市武川县、鄂尔多斯市、伊金霍洛旗，国外分布欧洲。乳浆大戟黄跳甲以成虫和幼虫取食乳浆大戟的茎叶花，成虫以叶子和花为主，幼虫以乳浆大戟根毛和小嫩根为食，在田间能对乳浆大戟起到很好的控制作用。

(1) 生活史及生活习性。1年发生4代，以成虫或幼虫越冬，成虫期从6月出现至9月，成虫幼虫一般在乳浆大戟叶、花上取食，成、幼虫喜群集取食，成、幼虫活动时间集中在上午10时到下午4时，其他时间在植物根部或土中，黄跳甲喜欢温暖、透气、阳光充足的环境生活。成虫产卵单产或者成对产，一般以2~6个卵产出，产于植物叶片上，或者土壤表面，1头成虫最多可产卵100多粒，最少产20多粒。卵浅黄色，椭圆形，一般卵长0.36~0.66mm。卵在条件适应时，需要3~6d孵化，若遇不良的环境条件，高温干旱，最多需16d才孵化，卵的孵化要求较高，在相对湿度较高时才能孵化。幼虫期3龄，幼虫以乳浆大戟嫩根、根芽和地下根为食，随着龄期的增大才向地上取食茎叶。蛹期在土壤中10~11d才能羽化为成虫。

(2) 乳浆大戟黄跳甲对乳浆大戟的控制作用。成虫集中取食乳浆大戟的叶和花，使乳浆大戟叶产生孔洞，这个洞就会减少植物对根部糖的生物合成量；幼虫是以根毛和幼根为食，由于幼虫的取食，降低了植物对营养的吸收能力，阻碍了植物对外界营养的吸收，并且耽搁了植物的开花期，减少了植物地上茎叶数量和活力。乳浆大戟是多年生牧草，主要靠根的再生能力来繁殖，而黄跳甲的幼虫被释放后，乳浆大戟茎叶减少，幼虫取食大戟根茎，使翌年刚刚发芽的新根被取食，使大戟地下根不能给地上部茎叶提供营养，使乳浆大戟的生长削弱，起到控制其蔓延的作用。

我们在草原所试验地种植乳浆大戟，8 月份将部分从大田采集的黄跳甲放入乳浆大戟田 100 头，与没有放黄跳甲（对照）的进行比较。第 2 年观察，释放黄跳甲的实验地，明显乳浆大戟返青少，只有个别返青，花期也推迟，没有释放黄跳甲的乳浆大戟正常返青。当黄跳甲在田间被释放以后，首先乳浆大戟就大大地减少，然而没有被侵害的主根还能产生新根给地上部植物提供营养，但若遇到适于黄跳甲发生的年份，幼虫取食乳浆大戟侧根毛根，使主根地上部植株受损害，削弱乳浆大戟生长。

6. 横带长蝽生物学特性

横带长蝽属于半翅目长蝽科昆虫，分布于我国黑龙江、吉林、辽宁、内蒙古（五原、中旗、四子王旗、伊金霍洛旗）、山西、陕西、宁夏、甘肃；国外主要分布在蒙古、前苏联地区、日本、印度、美国。属古北区系。

（1）生活史及生活习性。在内蒙古 1 年发生 1~2 代，以成虫在土中越冬，次年 5 月中旬开始活动，6 月中旬交配产卵，6~8 月为发生盛期，各虫态并存。成虫有较强的群集性，10 月中旬陆续越冬。

在内蒙古伊金霍洛旗境内进行天敌资源调查时发现，该种昆虫在乳浆大戟草地以成虫群集取食危害，种群密度较大，7~8 月上中旬常常在一株乳浆大戟上集中取食多达 100 多头，并与乳浆大戟叶甲（*Aphthona chinchihi*）和 *A. seriata* 共生在同一株上。由此可见，该昆虫对控制乳浆大戟生长期的蔓延危害起到了重要作用。

红色具黑色斑，体长 12~13mm。头中叶末端，眼内侧倾斜向头基部中央的斑点、触角、喙、前胸背板前叶及其在中纵线两侧向后的突出部、后缘 2 条近三角形横带（不达前缘）及小盾片黑色。前胸背板侧缘弯后缘直。小盾片“T”形脊显著。前翅红爪片中部具椭圆形光裸黑斑，端部黑裸色，革片中部的不规则黑斑在爪片末相连成一横带，在靠近革片前缘处黑斑的前部和后部有两个光裸区有时不显。膜片黑褐色，超过腹部末端，接近革片端缘两端的斑点中部的圆斑以及边缘白色。爪片缝与革片端缘等长。头胸下方黑喙伸达或接近后足基节，胸部侧板每节各具两个较底色更黑的圆斑，其一在背后侧角上，另一节在节臼上，但有些标本不显。腹部红每侧具两列黑色斑纹，各斑均位于腹节的前部，一侧位于近侧接缘，另一侧位于腹部中线两侧横带形。体长 13.9mm，头长 1.39mm，宽 2.18mm；眼间距 1.29mm，触角各节长 0.79：1.88：1.39：1.49mm。前胸背板长 2.48mm，前缘宽 2.08mm，后缘宽 4.36mm。小盾片长 1.78mm，宽 2.28mm。爪片接合缝长 1.49mm，爪片端 3.47mm；革片端至膜片端 3.27mm。

本种与红长蝽相似，但头部红色，膜片中央具白斑，革片端左右两大黑斑在爪片末端相接。卵为长卵形，初产时乳黄色，后由橘黄色逐渐变为红橘黄色。卵面光滑透明，近孵化时在镜下可看到若虫在卵壳内的轮廓。卵历期 6~7d，若虫期 6~8d，一般为 5 龄。

（2）利用天敌昆虫防治效果评价。在自然界，能起到自然控制毒害草作用的有效天敌昆虫及微生物种类和数量很多，并不是每种毒害草都需要人工防治，主要评价标准是衡量毒害草与天敌之间的种群平衡程度和利弊关系。各种生物在自然界环境内经过自然调节作用，使每种生物种的种群数量既不会衰亡到灭绝的程度，也不致于无限增长，当种群数量经过一定时间的消涨后，又能使种群恢复到一个相对稳定的平均密度，这种经常波动而又保持稳定的现象，就是林奈时代所说的自然平衡理论。因此，重视自然天敌的研究和利用是十分重要的。

横带长蝽在过去通常作为害虫被列入防治对象，受到了不应有的对待。今后应根据农作物区由于生产目的主要是获取作物的产量和经济效益，权衡其利弊关系作为害虫防治是无可非议的。然而，在乳浆大戟滋生的草地上情况则完全相反，因为乳浆大戟是一种草地毒害草，无实用价值，大量蔓延就会侵占草场，替代有价值的植物，使草地质量变低变劣，限制牛羊放牧采食，进而影响草地畜牧业的发展。有鉴于此，横带长蝽作为一种可再生的天敌昆虫资源，在特定的生态环境中应对其加以保护和利用，因为这种昆虫同其他天敌共生并聚集在乳浆大戟草上生存、取食及繁衍后代，对毒害草乳浆大戟的滋生蔓延起到了人为控制、化学防治及其他因素难以起到的控制效果。

综上所述，从生态学、环境保护学及美学观点出发，利用自然天敌对草地毒害草进行生物防治是一种经济、安全、有效的控制措施。针对不同目标的草地恶性毒害草，应选择和优化各种天敌资源加以保护与利用，使毒害草控制在一个允许的危害水平之下，种群间既不会消失，也不会造成危害，这样的控制效果才符合生物多样性和持续农业发展的要求。因此，正确理解天敌昆虫横带长蝽在控制有害生物乳浆大戟防治中的地位，促进草地生物防治研究工作的进一步发展，具有更加重要的现实意义和长远的经济利益。

7. 乳浆大戟上的一种重要天敌锈菌

乳浆大戟是我国草原及北美大平原上的一种恶性杂草，有广泛的分布，特别是在草原地区传播、蔓延、侵占草场，取代有经济价值的植物种群。由于该草终生有毒，无放牧及饲用价值，给草地畜牧业造成不良影响，使草地生态条件恶化，生产力下降。因此，寻找安全、经济、有效的防治措施和方法，是很有必要的。在近年的杂草天敌资源调查研究中，我们发现了寄生于乳浆大戟上的重要病原物——大戟栅锈菌，该菌寄主范围狭窄，专化性、致病性强，常可引起恶性杂草乳浆大戟的苗期或成株期的植株枯萎死亡。从控制乳浆大戟草危害这个角度看，该菌是一种有重要研究和应用价值的杂草天敌资源。

乳浆大戟上病原天敌锈菌——栅锈菌（*Melamspsoraeuphorbiae*—dulcis）。该菌具有明显的寄主专化性和致病性，且繁殖力强、传播快，可引起大戟草的早期发病和苗期植株的死亡现象。这些特性和现象，对于深入研究利用病原天敌、开掘自然天敌资源、控制草地毒害草的危害、优化草地生态环境是十分有益的。

（1）乳浆大戟栅锈病原菌症状及发病规律。在内蒙古呼和浩特地区、武川县和伊盟伊金霍洛旗的草地上，最早在5月上旬可见大戟上的栅锈菌病株。早期锈孢子群生于叶背，浅黄色，整株大戟叶片及嫩茎表面布满了浅黄色杯状孢子器，孢子呈浅黄色。病株皱缩矮化，株高不及健康株的1/2。感病严重者枯萎死亡，到6月中旬苗期枯死株占10%以上。在生长季节6月至8月中旬，大戟栅锈菌产生大量的夏孢子在乳浆大戟草上反复侵染传播，使大戟草发病率迅速上升。在高温、多雨的气候条件下和微风天气，有利于锈菌孢子的繁殖和传播。

大戟栅锈菌在呼和浩特南郊、武川县及鄂尔多斯地区仅仅侵染大戟属植物的乳浆大戟和京大戟（*Euphorbiapekblensis* Rupr.）2个种。初期（5月）的大戟感染锈病率仅为5%～10%，到6月中下旬，由于温度升高降水量增加，使得地处干旱荒漠地区的大戟栅锈菌繁殖、传播速度加快，大量夏孢子的传播扩散使发病率随即上升至65%～70%。到7月下旬至8月上旬，2种大戟草的发病率达到高峰，其中有25%～30%的植株因大戟栅锈病感染引起地上部枯萎死亡，但地下部仍有一部分根茎能繁殖。9月中下旬乳浆大戟和京大戟上开始出现冬孢子堆和冬孢子，大量的冬孢子在大戟草植株及残枝落叶上越冬。

5月上中旬，气温逐渐升高，随之降雨量增加，大戟锈病开始发生，由于乳浆大戟和京大戟在北方长势进入成株期，此时发病率高，传播快；到8

月荒漠草原区分布相对集中，并形成灌丛，利于8月下旬达到当年发病高峰，发病率常达85%锈病菌在此区建立发病中心，逐渐向周围扩展。但是，5月上中旬北方草原区气温较低，干旱风沙严重，不利于锈菌孢子的繁殖，所以此时的发病率仅在10%左右。到了6月下旬，气温逐渐升高，随之降雨量增加，大戟长势进入成株期，此时发病率高，传播快；到8月下旬达到当年发病高峰，发病率常达85%以上。据野外调查证实，发病重的大戟植株，不能开花结实。这一结果对控制大戟草的种子传播是十分有用的。

表6-12 栅锈菌寄主范围的调查

寄主植物	苗期	发病率	盛花期	发病率	成熟期	发病率	备 注
牛心朴子	—	0	—	0	—	0	
草木樨	—	0	—	0	—	0	
苜蓿	—	0	—	0	—	0	
直立黄芪	—	0	—	0	—	0	不感栅锈菌但有另科锈菌
锦鸡儿	—	0	—	0	—	0	
狼毒	—	0	—	0	—	0	不感栅锈菌但有向日葵锈病
向日葵	—	0	—	0	—	0	
苦马豆	—	0	—	0	—	0	
沙蒿	—	0	—	0	—	0	
兰刺头	—	0	—	0	—	0	
防风	—	0	—	0	—	0	
玉米	—	0	—	0	—	0	
乳浆大戟	+	15%	++	68%	++	85%	
京大戟	+	18%	++	75%	++	89%	

注："—"为该寄主不感染栅锈菌；"+"为该寄主感染栅锈菌；"++"为感染栅锈菌严重，不能正常开花结实

（2）栅锈菌的寄主范围或专化性研究。从表6-12中可看出，乳浆大戟分布区周围的15种植物，在自然条件下大戟栅锈菌仅寄生于乳浆大戟和京大戟，而对苜蓿、向日葵、直立黄芪等十几种植物尚未发现有侵染现象。

由于大戟栅锈菌致病力强，具专一性寄生和一旦建立发病中心会自行传播的特性，使得恶性杂草大戟草的繁殖速度及蔓延受到相当程度的控制。如果没有这些重要天敌生物的存在，大戟草的蔓延危害将是不可设想的。北美地区由于没有天敌生物控制乳浆大戟草的危害，该草在那里泛滥成灾，造成惊人的经济损失。在我国辽阔的草原地区，有着丰富多样的杂草天敌资源，有待人们开发利用。因此，从人类利用天敌生物控制病虫、草害这个高度出发，我们认为深入研究象大戟栅锈菌这类专化性微生物天敌，搞清楚其安全性、有效性及人工繁殖技术，逐步走向商品化生产的研究利用道路，对发展

我国草地畜牧业生产将会起到积极的作用。

第二节　加拿大蓟绿叶甲的生物学特性

加拿大蓟绿叶甲分布范围广，在甘肃、宁夏、内蒙古各地均有分布，主要分布于呼和浩特市大青山、呼郊和林格尔县一带及包头、巴盟、阿盟、贺兰山等地。绿叶甲成、幼虫均取食加拿大蓟植株叶片，造成叶片大面积缺刻，只留叶脉，严重者吃掉心叶部分，影响植物的正常生长。由于食量较大，再加上粪便污染，植株受害后发黄、萎蔫。由于该虫是集中发生，整株叶片被取食后地上部分干枯死亡。田间 5 月底 6 月初出现，6 月底 7 月初达到高峰期，以后逐渐消退，以成虫越冬。成虫世代重叠严重，7 月下旬末代成虫出现，7 月是绿叶甲 2 代成虫产卵盛期，1 头成虫产卵 20~30 粒，大部分卵单产，个别有聚产，卵黄色，温度适宜，一般卵 2~3d 孵化，成虫产卵后 1~2d 死亡，个别产卵当天就死亡。

室内对绿叶甲饲养观察发现绿叶甲食性专一，只取食加拿大蓟，偶尔也少量取食菊科个别植物。其最适宜生长温度为 24~26℃，在这一温度范围内产卵量大，生长发育情况良好，在低于 20℃时产卵量较少，10~14℃情况下生长发育受到抑制，不产卵。

绿叶甲在呼和浩特地区 1 年发生 2~3 代，并有明显的世代重叠现象，以成虫越冬。4 月下旬随着气温的迅速回升，新的加拿大蓟植株发生，田间 5 月中下旬，越冬代绿叶甲成虫开始取食产卵。6 月下旬至 7 月上旬达到第 1 代成虫羽化高峰期，以后逐渐消退，世代重叠严重，7 月初是绿叶甲 2 代成虫产卵盛期，8 月中下旬田间成虫数量减少。冬季，成虫一般藏在植株基部或根部。

绿叶甲成虫和幼虫均取食加拿大蓟植株叶片，造成叶片大面积缺刻，只留下叶脉，严重者吃掉心叶部分。由于食量较大，再加上粪便污染，植株受害后发黄、萎蔫。由于该虫集中发生，整株叶片被取食后地上部分干枯死亡。

温度对成虫产卵情况的影响：不同的温度条件对绿叶甲成虫产卵有很大影响，见表 6-13。通常情况下，绿叶甲卵黄色透明，椭圆形，大部分卵块产，但个别也有单产现象。卵 2~3d 孵化，成虫产卵后 1~2d 死亡，少数个体产卵后当天就死亡。绿叶甲最适宜的生长温度是 24~26℃，此时成虫产卵量大，卵的孵化率高，生长发育适宜，在温度 12~14℃时成虫生长受到抑制，成虫基本上不产卵，卵的存活率和孵化率均为零，在温度 18~20℃、30~32℃下，卵量及卵的孵化率均降低。

表 6-13　不同温度下成虫的卵量、孵化率及存活率

温度（℃）	卵量（粒）	孵化率（%）	存活率（%）
12~14	0~10	0	0
18~20	40~60	20.14	10.04
24~26	85~100	80.32	50.23
30~32	20~45	38.42	17.33

第三节　欧洲方喙象的生物学生态学特性

国外经验和我国多年来对加拿大蓟的防治研究表明，防治加拿大蓟应采取以生物防治为主，化学防除为辅的综合防治措施。近年来，我们在内蒙古各地进行加拿大蓟天敌昆虫的调查，采集到了大量加拿大蓟天敌昆虫，发现欧洲方喙象是严重影响加拿大蓟生长发育的天敌昆虫之一，有希望成为控制加拿大蓟的新的生防作用物。象甲幼虫和成虫均取食植株叶片，造成叶片大面积缺刻，严重者只留叶脉，甚至吃掉心叶部分。由于食量较大，再加上粪便污染，植株受害后发黄、萎蔫。由于该虫是集中发生，整株叶片被取食后导致地上部分干枯死亡。欧洲方喙象种群生长的主要制约因子是食物，了解其对食物的要求和利用转化能力，有利于在进行控制效果研究时确定合适的释放数量。据此，我们对欧洲方喙象幼虫的营养生态学特性及其对加拿大蓟的控制效果进行了研究。

（一）温度对欧洲方喙象生长发育的影响

不同的温度情况下，欧洲方喙象的产卵量、卵的孵化、对植物的取食量、取食后粪便量，存活率、死亡率不一样，欧洲方喙象最适宜的生长温度是在22~24℃。在该温度下欧洲方喙象的产卵量最多，卵的孵化率最高，成虫的存活率也最高，死亡率最低。而在高于此温度的28~30℃，生长比较活跃，成虫很少产卵，产卵也不孵化；在18~20℃时，成虫存活率达80%，死亡率20%，在10~12℃时，生长受到抑制，成虫很少取食，粪便量也很少，饥饿一定时间后死亡率也较高。欧洲方喙象耐饥饿能力很强，最长可达35d，各龄期平均达28d，作为天敌昆虫，在田间可大量释放，欧洲方喙象各龄期对温度的适应能力也很强，存活率很高。

（二）欧洲方喙象幼虫营养生态学特性的研究

选择龄期一致的1龄、2龄、3龄欧洲方喙象幼虫，分别移入养虫盒（10cm×7.5cm×4.5cm）在恒温恒湿光照培养箱内［T=（25±1）℃，RH=50%~60%］群体饲养，每盒5头幼虫，按不同龄期分别设置5个重复。对欧洲方喙象幼虫取食量、体重、排粪量等指标进行测定，每3d为间隔观察时间，自卵孵化之日起观测至幼虫老熟，求出象甲幼虫对蓟的近似消化率（A·D），摄入物质转换为体物质的效率（E·C·D）和消化食物转换为体物质的效率（E·C·I）。幼虫取食量的推算方法：用透明坐标纸估算取食面积，按同样面积叶片的重量将取食部分折合为重量；采用称重法测定体重及粪便量。选择大小一致的加拿大蓟叶片称得鲜重，饲喂象甲幼虫，将剩余叶片及所产粪便取出，更换新鲜食料，将取出的剩余叶片及粪便放入烘箱内（80℃）烘干2h，冷却后用电子天平（0.0001g）称得干重。

消化率（A·D）=（取食量-排粪量）/取食量×100%

转化率（E·C·D）=体重增加/（取食量-排粪量）×100%

利用率（E·C·I）=体重增加/取食量×100%

1. 幼虫控制效果试验

选择肥力基本一致的地块设为田间试验区，每小区面积为3m×3m，采用随机区组排列，将营养条件一致的加拿大蓟幼苗移栽于小区内，株距为40cm×40cm，共5个处理。待其生长至30~35cm高时，分别接入欧洲方喙象幼虫2头、4头、6头、8头、10头，每个处理重复3次，每个植株上罩呢龙纱。控制效果调查在放虫后第3天开始，每隔3天调查1次。调查时按叶片被取食程度将被害标准分为5级，记录不同级别被取食的叶片数，依据下面的公式计算得到控制效果。

控制效果（%）=Σ各级被取食叶片数×该级级别/总叶片数×最高级别

加拿大蓟叶片被取食程度分级标准：

0级：叶面未被取食；

1级：1%~5%叶面被取食；

2级：5%~25%叶面被取食；

3级：25%~50%叶面被取食；

4级：50%~75%叶面被取食；

5级：75%~100%叶面被取食。

2. 3龄幼虫取食量、体重、排粪量及对食物的利用能力用新鲜加拿大蓟叶片饲喂不同龄期的欧洲方喙象幼虫，其取食量、体重、排粪量及对食物的利用能力详见表6-14，表6-15，表6-16。欧洲方喙象1龄、2龄、3龄幼虫平均累计取食量分别为2.460g、2.863g、2.854g鲜重。不同龄期的幼虫在饲喂一定的时间后体重有明显增加，其体重增加趋势与摄入食物的累积量（鲜、干重）形式基本一致。

各龄期幼虫在饲喂一定时间（日龄）后对食物的利用能力存在差异。随着日龄的增加，1龄、2龄、3龄幼虫的近似消化率（A·D）、摄入物质转换为体物质的效率（E·C·D）和消化食物转换为体物质的效率（E·C·I）随着日龄的增加并无明显变化，均在一较小范围内波动。

表6-14 欧洲方喙象一龄幼虫取食量、体重及排粪量及对食物的利用能力 (g)

日龄	0	3	6	9	12	15	18	21	24	27	30
体重（鲜）	0.092 1	0.092 1	0.098 4	0.104	0.110	0.116	0.122	0.128	0.134	0.139	0.146
食量（鲜）	-	0.283	0.224	0.089 1	0.102	0.127	0.169	0.213	0.305	0.562	0.387
（干）	-	0.032 7	0.039 3	0.045 1	0.040 9	0.049 9	0.042 1	0.043 3	0.053 7	0.038 2	0.063 2
累计（鲜）	-	0.283	0.507	0.596	0.698	0.825	0.994	1.210	1.510	2.070	2.460
（干）	-	0.032 7	0.067	0.010 7	0.014 8	0.019 8	0.024	0.028 3	0.337	0.037 5	0.043 8
排粪（干）	-	0.018 3	0.010 0	0.093 0	0.043 0	0.035 4	0.011 8	0.016 5	0.018 3	0.012 3	0.020 8
A·D(%)	-	44.04	74.55	79.38	89.49	74.50	71.97	66.80	65.92	68.16	67.09
E·C·I(%)	-	42.36	20.82	17.04	16.67	17.68	20.13	22.76	17.23	23.55	14.39
E·C·D(%)	-	18.65	15.52	13.53	14.91	12.22	14.49	14.09	11.36	15.97	9.65

表6-15 欧洲方喙象二龄幼虫取食量、体重及排粪量及对食物的利用能力 (g)

日龄	0	3	6	9	12	15	18	21	24	27	30
体重（鲜）	0.136	0.136	0.143	0.149	0.156	0.161	0.166	0.173	0.178	0.183	0.189
食量（鲜）	-	0.142	0.234	0.184	0.158	0.154	0.307	0.293	0.316	0.565	0.340
（干）	-	0.034 5	0.041 7	0.044 3	0.062 7	0.062 2	0.053 9	0.051 1	0.068 1	0.066 5	0.049 9
累计（鲜）	-	0.312	0.546	0.730	0.888	1.142	1.349	1.642	1.958	2.523	2.863
（干）	-	0.034 5	0.076 2	0.121	0.183	0.245	0.299	0.350	0.418	0.485	0.535
排粪量（干）	-	0.010 7	0.011 7	0.014 1	0.019 9	0.024 0	0.021 4	0.022 3	0.026 0	0.023 3	0.018 3
A·D(%)	-	62.90	71.94	68.17	68.26	61.64	60.30	56.36	61.82	64.96	63.33
E·C·I(%)	-	43.92	20.33	20.20	12.80	17.02	18.77	21.18	14.49	14.12	19.30
E·C·D(%)	-	18.84	15.59	14.90	10.53	10.29	12.43	12.92	9.54	9.92	13.23

表 6-16 欧洲方喙象三龄幼虫取食量、体重及排粪量及对食物的利用能力（g）

日龄	0	3	6	9	12	15	18	21	24	27	30
体重（鲜）	0.166	0.173	0.180	0.186	0.193	0.201	0.207	0.212	0.218	0.224	0.229
食量（鲜）	-	0.287	0.125	0.259	0.169	0.192	0.334	0.402	0.363	0.475	0.248
（干）	-	0.058 3	0.051 3	0.049 8	0.069 8	0.070 6	0.062 5	0.071 4	0.073 2	0.071 8	0.059 2
累计（鲜）	-	0.287	0.412	0.671	0.840	1.032	1.366	1.768	2.131	2.606	2.854
（干）	-	0.0583	0.110	0.160	0.230	0.300	0.363	0.434	0.507	0.580	0.639
排粪量（干）	-	0.017 2	0.014 0	0.018 4	0.018 9	0.023 3	0.023 4	0.021 5	0.027 9	0.019 4	0.016 9
A·D（%）	-	70.50	72.71	63.05	72.92	67.00	62.56	69.89	81.89	72.98	71.45
E·C·I（%）	-	17.27	19.03	22.61	13.95	15.01	15.60	14.23	15.67	13.55	16.78
E·C·D（%）	-	12.18	11.89	14.26	10.17	10.06	11.36	9.94	9.70	9.89	11.99

3. 幼虫田间控制效果

在营养状况基本一致的情况下，每一加拿大蓟植株虫口密度不同，其控制效果有一定差异。随着放虫后天数的增加，控制效果均逐渐增强，在单株虫口密度为 2 头、4 头、6 头、8 头、10 头幼虫的条件下，以 6 头/株控制效果最佳，在放虫后 15d 为 80.14%；其次为 4 头/株，其防治效果达 58.62%，10 头/株的控制效果最差，防治效果最差者仅为 38.33%。

从不同的虫口密度对加拿大蓟的控制效果来看，并非接虫密度越高控制效果越好。分析其原因，可能是由于高密度的幼虫之间存在一定干扰效应，使得高密度象甲释放量下的控制效果反而并非最好。

欧洲方喙象成幼虫均喜欢取食加拿大蓟植株顶部较幼嫩部分，待幼嫩部分取食殆尽则向加拿大蓟中部转移为害，使其由上至中部叶片被取食光。由此可见，加拿大蓟幼苗期是较为有利的控制时期，这期间植株进行营养生长，叶片鲜嫩生物积累量少，象甲喜食。

通过对欧洲方喙象幼虫取食量、体重、排粪量等指标的测定，发现其对加拿大蓟的利用能力较强。田间控制效果试验结果表明，虫口密度为 6 头/株时控制效果最佳。这表明并非放虫密度越大其控制效果越好，在放虫时应注意到密度制约效应，释放的象甲种群密度不能过高，否则会导致高密度下幼虫间产生“干扰效应”，影响个体间取食，使取食速率和取食量均下降，延缓个体发育，导致幼虫在一定空间内因种群密度过高而死亡或迁移。因此，在评价天敌昆虫的控制作用时，考虑要达到较好的控制效果，应根据天敌的生物学、生态学特性及被控制对象的营养性状综合评价天敌控制的有效性。

第四节　针茅狭跗线螨的生物学、生态学特性

大针茅天敌昆虫针茅狭跗线螨，每年7~8月，在针茅孕穗、抽穗期间，由于针茅被一种狭跗线螨感染，针茅孕穗而不抽穗、抽穗而不结实，或形成褐色穗、扁穗。经采集制作标本，并请中国跗线螨分类专家福建省农科院植保所林坚贞研究员鉴定，感染针茅的跗线螨为国内新种，定名为针茅狭跗线螨（*Steneotarsonernus stipa* Lin &Liu Spnor）。

1. 针茅狭跗线螨的形态特征

体椭圆形，须肢扁平、楔形、紧贴于颚体腹面，躯体卵形，通常背腹扁平，足Ⅱ与足Ⅲ相距较远，具假气门器。雌螨体长为0.1~0.3mm，体白色透明。雄雌异型，雄性明显小于雌性。体背、腹扁平，适应于叶鞘内生活。雌螨足Ⅲ最后3节（不包括端跗节）长于足Ⅳ最后两节，足Ⅱ、足Ⅲ末端有发达的双爪。雄螨前足体背毛4对，爪Ⅳ正常形状，胫跗节具锐利的单爪。

2. 针茅狭跗线螨的生物学规律

针茅狭跗线螨的生活史包括卵、幼螨、蛹和成螨4个时期。1年发生10余代，世代重叠严重。卵通常白色，表面平滑或具不同形态的凸起或凹陷，不同时期在同一枝条上其卵、若螨、成螨均存在。该螨具有较高产卵量和较长产卵期，再加上世代短，存活率高，能使种群密度在短时间内超过经济为害水平。针茅狭跗线螨初期多发生在针茅孕穗时期的植物幼嫩部分，或因病虫害受伤的植物组织上，在植物薄壁细胞上刺吸取食，从而使针茅受害发生畸形。

3. 针茅狭跗线螨对大针茅的影响

研究发现，受针茅狭跗线螨感染针茅的营养枝、生殖枝株丛直径与正常植株相比都有所减少。在针茅的生长发育期，针茅狭跗线螨影响其开花、结实及种子成熟，使针茅植物不能开花或推迟开花；在针茅营养生长期针茅狭跗线螨田间感染率为18.99%，孕穗期为20.46%，种熟期达36%。受针茅狭跗线螨感染后，针茅颖果不能正常抽穗造成种子畸形、扁穗、使针茅种子的繁衍能力下降。

第五节　针茅草原的大针茅病害

在内蒙古锡林郭勒草原的大针茅草场上，发现5种大针茅真菌病害，主要是茎黑粉病、穗黑粉病、叶枯病、茎枯斑病和锈病。5种病害均属国内新发现的大针茅病窖，其中穗黑粉病在锡林浩特以北某些大针茅草场上发生较为普遍，其他草场仅有少量或微量发生。

大针茅（*Stipa grandis* P. Smirn）属旱生禾草，是我国温性典型草原的重要建群种，大针茅营养价值较高，抽穗期粗蛋白质含量为9.14%，粗脂肪含量为3.2%，无论青嫩期还是干枯期都是马、牛、羊所喜食的良等饲用禾草，但因其颖果成熟后常常刺伤绵羊的皮肤、口腔黏膜及蹄叉，可侵入机体内引起死亡。因此，为多途径寻找控制大针茅颖果危害家畜的方法，我们开展了大针茅病虫害调查，试图找到只危害大针茅颖果的病原菌类或昆虫，以便对它们作进一步深入研究，探讨生物防治的途径。

在大针茅颖果成熟前后，深入到大针茅分布较集中的锡林郭勒草原，选择有代表性的大针茅草场，以踏查为主并结合样点调查的方法进行大针茅病害种类及危害情况的调查，并采集标本回室内初步镜检病原物。对某些病原物还应进行分离和接种试验，以确定其致病性。对调查中发现危害颖果的病害或虽危害其他部位但发生较普遍的病害，选取样点做发病率的统计调查。

（一）大针茅草原病害种类

1. 茎黑粉病［*Ustilago hypodytes*（Schlecht.）Fries］

植株感病后，茎秆外面被黑粉病菌的厚垣孢子包围，也侵染花序。初期被叶鞘包藏，后外露裸生。黑粉状的厚垣孢子圆形或近圆形，黄褐色或橄榄褐色，直径4~5μm或（5~6）μm×（3~4）μm，膜光无刺。

此病发生在芨芨草、羊草、赖草和针茅属等多种禾本科植物上，在大针茅上国内于1997年8月首次发现。仅见个别株丛发病，但发病株丛基本不能正常开花结实。

2. 穗黑粉病［*Ustilago zoilliamsii*（Griffiths）Lavrov］

病害主要发生于穗部，使花序受害呈黑粉状，靠近穗下部的茎节也可被病菌的黑粉状厚垣孢子包围，但再下部节间极少受害。病原菌的厚垣孢子比茎黑粉病的厚垣孢子略大，直径6.5~8.5μm。更特殊之处是孢子带有2个耳状附属物，或称两极附属物。由这种黑粉菌引起的几种针茅属植物黑粉病在新疆已有发生报道，但未见发生于大针茅上的记载。威廉斯黑粉菌在内蒙古地区也是首次发现。1998 年 8 月下旬至 9 月，大针茅穗黑粉病在锡林郭勒草原内蒙古军区牧场发病率较为普遍，随机调查的 94 个样点（每点面积为 $4m^2$）有病样点率达 45. 9%～65%，有病株丛率达 3. 15%～4. 66%。半数以上的发病株丛穗子全部被毁，其余大部也是半数以上穗部被毁。

3. 锈病（Pucciniastipae Arth.）

采自内蒙古军区牧场的大针茅种子中发现，混在种子间的碎叶片上有锈病的孢子堆。根据冬孢子堆生在叶片正面、大小为（42～62）μm×（20～24）μm、分隔处缢缩及柄有色等特征，初步定为 Puccinia stipae 这个种，但其顶厚多为 6～7. 5μm，这一点似乎与该种的冬孢子顶厚为 8～12μm 相比略薄而有所不同。

4. 叶枯病（Ascochyta sp.）

在草地上偶尔可发现有叶片枯死的大针茅植株，或是多年生株丛内有个别新分蘖枯死。枯死的叶片上和叶鞘外常有由 Alternaria sp. 生长而产生的灰黑色霉斑，叶片上仍保留有未长霉的近白色部分，其上生有许多小黑点，即 Ascochyta 病原菌的分生孢子器。本病在国内大针茅上属首次报道。

在我国大针茅上的这种 Ascochyta 的分生孢子大小为（15～22. 5）μm×（3. 5～6）μm，孢子内含油滴状物。从大针茅颖壳上检查到的病原，孢子内不见滴状物，孢子也略宽（5～7μm）。我们倾向于认为是由 Ascochyta 属的病原引起的叶枯病，但也不完全排除 glternaria 对大针茅有致病性，需经进一步接种试验或更广泛地调查研究后确定。在 Ascochym 属的 3 个种中，大针茅上的菌从孢子形态与大小上更接近 Ascochytabrachypodii。

5. 茎枯斑病（Hendersonia sp.）

病株（枝）的下部茎节上有不规则形的灰白色病斑，边缘褐色，病斑上有黑色小点，即病原菌的分生孢子器。病原菌为壳色多隔孢（壳蠕孢，Hendersonia）属的真菌，分生孢子器球形或扁球形，直径 80～120μm，有孔口 10～20μm。孢子黄褐色，纺锤形或近梭形，0～4 横膈，多为 3 隔，两端细胞略尖，大小（17. 5～21）μm×（5. 5～6. 3）μm。

（二）生防作用物的可行性分析

对待大针茅的危害不能像对待某些毒害草那样矛以彻底消灭；只能针对大针茅的颖果危害而采取适当的防治策略和具体办法。因此，在上述 5 种病害中只有 2 种黑粉病的病原可以充做防治大针茅颖果危害的生防作用物，其他 3 种病害都是茎叶病害，虽然也可能对颖果生长发育有些影响，但影响不大，故它们只能是被防治的对象，而不能用做防治颖果危害的生防作用物。

（1）鉴于大针茅与其他毒害草有所不同，它除了有有害的一面外，更主要的方面在于它是典型草原的建群种之一，又属良等饲用禾草，故对它的危害的生物防治措施是一个复杂的问题，应慎重对待。生物防治办法肯定可以找到，能否在生产上广泛应用值得研究。

（2）从针茅的营养生长期至种子形成时期，都有针茅狭跗线螨成若螨的取食感染，被感染的针茅出现孕穗不抽穗、抽穗不结实或形成扁穗、白穗，种子变畸形，饱满度降低，种子芒刺变软等。针茅狭跗线螨具有在田间集中取食、感染传播快等特点，故利用针茅狭跗线螨防治和控制针茅种子芒刺危害的生防措施是可行的。

（3）在大针茅草场上，针茅是主要的建群植物，经测定其优势度高达 93.9%，为优良的牧草，在草地畜牧业中发挥着重要作用，针茅对牲畜的危害仅是在种子成熟后的一个阶段，利用针茅狭跗线螨防治针茅种子芒刺的危害，使针茅种子不结实或降低种子质量，对于依靠种子繁殖的针茅是否会影响其繁殖，还有待于今后进一步研究。

（4）利用针茅狭跗线螨防治种子芒刺对牲畜的危害虽然是可行的，但针茅狭跗线螨在田间如何大量繁殖、扩散，在什么时期释放扩散感染效果最好，如何才不会造成对其他植物的危害等问题，还需在今后的工作中进行深入探讨和研究。

第七章

优势天敌昆虫(螨)的寄主专一性

寄主专一性测定（即寄主范围评估）通常是预测对非靶标生物风险的关键，甚至是唯一的步骤。在应用植食性昆虫防治杂草的研究中，寄主专一性测试是关键问题之一。供试天敌只有具备极强的专一性才能作进一步的饲养繁殖、释放与利用。对几种优势天敌昆虫进行了寄主专一性测定，以确定其生防利用潜能。

第一节　大戟天蛾的寄主范围食性分析

我们选择了主要豆科、禾本科、菊科等经济作物，观赏植物，栽培牧草、本地常见的目标杂草共 25 科 69 种植物，对大戟天蛾的食性进行了测定。大戟天蛾的幼虫食性比较专一，对供试的 25 科 66 种植物均不取食，只取食个别大戟属的近缘植物，如乳浆大戟、狼毒大戟、京大戟。在无大戟属植物的情况下，未发现有取食其他供试植物的痕迹。虽然在无乳浆大戟植株时，有个别的幼虫爬到其他供试植物枝叶上的现象，但在 24h 之后，大多数的幼虫又离开供试植物，静伏于盆壁和盆底的滤纸上不食不动。这些均说明，大戟天蛾是乳浆大戟比较专食性昆虫，这为利用此虫防治乳浆大戟提供理论依据（表 7-1，表 7-2）。

表 7-1　大戟天蛾寄主专一性测定供试植物及取食情况

供试植物（学名）	取食结果	供试植物（学名）	取食结果
禾本科（*Cramineae*）		草木栖（*Melilotus suaveolens*）	—
玉米（*Zca mags*）	—	红豆草（*Ohobrychis viciifolia*）	—
小麦（*Triticum aestivum*）	—	野火球（*Trifolium Lupinaster*）	—

（续表）

供试植物（学名）	取食结果	供试植物（学名）	取食结果
大麦（*Hordeum vulgave*）	—	胡枝子（*Lespedeza bicolor*）	—
无芒雀麦（*Bromus inermis*）	—	柴胡（*Hedysarum lave*）	—
老芒麦（*Elymus sibiricus*）	—	菊科（Compositae）	
狗尾草（*Setaria viridis*）	—	万年蒿（*Artemisia gmelinii*）	—
狼尾草（*Pennisetum flaccidum*）	—	野艾蒿（*A. lavandulaefolia*）	—
偃麦草（*Elytvigia repens*）	—	黄花蒿（*A. annwu*）	—
草（*Phalaris arunccinacea*）	—	猪毛蒿（*A. scoparia*）	—
豆科（*Leguminosae*）		向日葵（*Helianthus annuus*）	—
扁豆（*Dolicnos bablab*）	—	苣荬菜（*Sohchus brachyotus*）	—
菜豆（*Phasedus vulgaris*）	—	苍耳（*Xanthium sibiricum*）	—
蚕豆（*Vicia faba*）	—	刺儿菜（*Cirsium segetum*）	—
野豌豆（*V. amoena*）	—	菊花（*Dendranthema morifloium*）	—
扁蓿豆（*Melilotoiden ruthenica*）	—	苋科（Amayantnaceae）	
毛豆（*Clgcine max*）	—	鸡冠花（*Celosia argentea*）	—
豌豆（*Pisum sativum*）	—	木樨科（Oleaceae）	
赤豆（*Phaseolus angularis*）	—	紫丁香（*Sgringa oblata*）	—
甘草（*Clycyrrniza uralensis*）	—	连翅（Foresythia suspensa）	—
紫花苜蓿（*Medicago sativa*）	—	锦葵科（Maluaceae）	
黄花苜蓿（*M. falcata*）	—	扶桑（*Hibiscus rosasinen*）	—
沙打旺（*Astragalus adsugens*）	—		

取食结果：“—”不取食；“+”取食

表 7-2 大戟天蛾寄主专一性测定供试植物及取食情况

供试植物（学名）	取食结果	供试植物（学名）	取食结果
蔷薇科（Rosaceae）		蓼（*Polygonum*）	—
月季（*Rosa chinensis*）	—	荞麦（*Fagopyrum esculentum*）	—
樱桃（*Prumus pseudocerasus*）	—	车前科（Plantaginaccae）	
黄刺梅（*Bosa xanthiha*）	—	车前草（*Plantago asiatica*）	—
地榆（*Sanguisorba*）	—	石竹科（Caryophyllaceae）	
藜科（*Chenopodiaceae*）		芦笋	—
灰藜（*Chenopodium album*）	—	伞形科（Umbelliferae）	
猪毛菜（*Salsola oollima*）	—	茴香（*Fouenicrlum Vulgave*）	—
旋花科（Cohrolvulaceae）		百合科（Lilaceae）	
田旋花（*Cohrolvulus avvensis*）	—	韭菜（*Allwm tuberosum*）	—

（续表）

供试植物（学名）	取食结果	供试植物（学名）	取食结果
大花牵牛（*Pharbitishl chpisy*）	—	葱（*A. fistulosum*）	—
鸢尾科（Tvidaceae）		瑞香科（Thymelaeaceae）	
马蔺（*Tvisensata*）	—	狼毒（*Stellera chamaejasme*）	—
柽柳科（Tamaricaceae）		美人蕉科（Cannaceae）	
中国柽柳（*Tamarix chinesis*）	—	美人蕉（*Canna lngica*）	—
杨柳科（Salicaeae）		芸香科（Rutaceae）	
垂柳（*Salix babylonica*）	—	金橘（*Fortunella crassifolia*）	—
茄科（*Solanaceae*）		南天星科（Araceae）	
番茄（*Lgcopericom escalentum*）	—	马蹄莲（*Zantedeschia aethiopica*）	—
葡萄科（Vitaceac）		大戟科（Euphorbiaceae）	
葡萄（*Vitis vinifera*）	—	乳浆大戟（*Euphorbia esula*）	+++
马齿苋科（Portulacaceae）		一品红（*E. Pulcherima*）	—
马齿苋（*Portulaca oleracea*）	—	京大戟（*E. Pekinensis*）	++
蓼科（Polygonaceae）		狼毒大戟（*E. Fischeriana*）	+

取食结果：“—”不取食；“+”取食发育

第二节　绿叶甲寄主专一性试验

绿叶甲寄主专一性试验测定结果（表 7-3）表明，绿叶甲成虫或幼虫对供试的 20 科 66 种植物除加拿大蓟外均不取食，在测试的头两天，成虫活动频繁，用触角不断触探供试植物，第 3~4 天后粪便量逐渐减少，粪便由黑绿色固形物变为呈黄色水状物，其后活动减弱，直至死亡。而在加拿大蓟上取食，多次交尾并随即产卵，幼虫可在其上完成发育，直至羽化为成虫。

表 7-3　绿叶甲寄主专一性试验测定结果

	供试植物（学名）	取食结果	产卵
菊科（Compositae）	加拿大蓟［*Cirsium arvense*（L.）Scop.］	+	+
	俄罗斯蓟（*Russian thistle*）	–	–
	莲座蓟［*C. esculentum*（Sievers）］	–	–
	刺儿菜［*C. setosum*（Wilid.）MB.］	–	–
	牛口刺（*C. shansiense* Petrak）	–	–
	绿蓟（*C. chinense Gardn*. et Champ.）	–	–
菌科（Compositae）	野蓟（*C. maackii* Maxim）	–	–

（续表）

	供试植物（学名）	取食结果	产卵
	烟管蓟（*C. pendulum* Fisch.）	–	–
	苦荬菜［*Ixeris denticulate*（Houtt.）Steb.］	–	–
	山苦荬［*Ixeris chinensis*（Thunb.）Nakai］	–	–
	蓝刺头（*Echinopslatifolius* Tausch.）	–	–
	砂蓝刺头（*E. gmelini* Turcz.）	–	–
	苦苣菜（*Sonchus oleraceus* L.）	–	–
	苍耳（*Xanthium sibiricum* Patrin）	–	–
	向日葵（*Helianthus annuus* L.）	–	–
	万寿菊（*Tagetese recta* L.）	–	–
	线叶菊［*Filifoloum sibiricum*（L.）］	–	–
	蒙古风毛菊（*S. mongolica* Franch.）	–	–
	草地风毛菊［*Saussurea amara*（L.）DC.］	–	–
	蒲公英（*Taraxacum mongolicum* Hand. -Mazz. *er* L.）	–	–
豆科（Leguminosae）	紫花苜蓿（*Medicago sativa*）	–	–
	沙打旺（*Astragalus adsugens*）	–	–
	羊柴（*Hedysarum lave*）	–	–
	扁蓿豆（*Melilotoiden ruthenica*）	–	–
	胡枝子（*Lespedeza bicolor*）	–	–
禾本科（*Cramineae*）	无芒雀麦（*Bromus inermis* Leyss.）	–	–
	狗尾草（*Setaria viridis*）	–	–
	马唐（*Digitaria sanguinalis*）	–	–
	玉米（*Zea mays*）	–	–
藜科（Chenopodiaceae）	藜（*Chenopodium album* L.）	–	–
	小藜（*Chenopodium serotinum* L.）	–	–
	华北驼绒藜［*Ceratoides arborescens*（Losinsk.）］	–	–
	猪毛菜（*Salsola collina* Pall.）	–	–
苋科（Amaranthaceae）		–	–
	反枝苋（*Amaranthus retroflexus* L.）	–	–
	苋（*A. tricolor* L.）	–	–
	独行菜（*Lepidium sativum* L.）	–	–
十字花科（Cruciferae）	甘蓝（*Brassica caulorapa* Pasq.）	–	–
蓼科（Polygonaceae）	酸模叶蓼（*Polygonum lapathifoliun* L.）	–	–
	扁蓄（*P. aviculare* L.）	–	–
茄科（Solanaceae）	龙葵（*Solanum melongena* L.）	–	–

（续表）

	供试植物（学名）	取食结果	产卵
唇形科（Labiatae）	马铃薯（*S. tuberosum* L.）	−	−
旋花科（Convolvulaceae）		−	−
马齿苋科（Portulacaceae）	番茄（*Lycopersicom esculentum*）	−	−
锦葵科（*Malvaceae*）	薄荷（*Mentha arvensis* L.）	−	−
石竹科 Caryophyllaceae	兔唇花（*Lagochilus ilicifolius*）	−	−
紫草科（Boraginaceae）	圆叶牵牛［*Pharbitis purpurea*（L.）Voight］	−	−
	银灰旋花（*Convolvulus ammannii* Desr.）	−	−
	马齿苋（*Portulaca oleracea* L.）	−	−
柽柳科（Tamaricaceai）	锦葵（*Malva sylvestris*）	−	−
大戟科（Euphorbiaceae）	石竹（*Diranthus chinensis*）	−	−
车前科（Plantaginaceae）	鹤虱（*Lappula myosotis* Moench.）	−	−
木樨科（Oleaceae）		−	−
罂粟科（Papaveraceae）	柽柳（*Tamarix ramosissima*）	−	−
牻牛儿科（Geraniaceae）		−	−
	乳浆大戟（*Euphorbia esula*）	−	−
	车前子（*Plantago asiatica* L.）	−	−
	紫丁香（*Sgringa oblate*）	−	−
	角茴香（*Hypecoum erectum* L.）	−	−
	老鹳草（*Geranium wilfordii* Maxim.）	−	−

备注：+取食、产卵；−不取食、不产卵

试验结果表明，绿叶甲是一种寄主专一性强的单食性天敌，仅取食加拿大蓟，并能在加拿大蓟上正常生长发育，产卵繁殖。根据 Lawton 的研究，昆虫改变食性的概率极低。因此，绿叶甲危害其他植物的可能性很小，可以认为在我国利用绿叶甲作为天敌控制加拿大蓟是安全的，我们在野外观察也发现其只取食加拿大蓟，这与试验结果基本上是一致的。这种极强的专一性为绿叶甲在我国的扩繁与释放提供了安全保证。

加拿大蓟在我国，尤其是西部地区分布广泛，由于其适应性强，生命力顽强，近年来有逐渐扩大蔓延的趋势。利用化学防治、人工或机械防除效果均不甚理想。因此，应用绿叶甲对其进行防控有广阔的应用前景，可建立持久的自然生物制约因子，以阻止的加拿大蓟扩散蔓延。

第三节 欧洲方喙象寄主专一性试验

选择了具有代表性的菊科植物及豆科、禾本科牧草共10科30种植物，对欧洲方喙象进行寄主专一性测定试验，结果表明其食性专一，欧洲方喙象只取食加拿大蓟，在其上欧洲方喙象可以形成完整的生活史。个别成虫（或幼虫）在饥饿状态下仅少量取食菊科其他植物，但随后即拒绝取食，且不能形成完整的生活史（表7-4）。

表7-4 欧洲方喙象寄主专一性测定结果

	供试植物（学名）	取食性	粪便量	产卵
豆科（Leguminosae）	紫花苜蓿（*Medicago sativa* Linnause）	–	–	–
	黄花苜蓿（*M. falcate* L.）	–	–	–
	沙打旺（*Astragalus adsurgens* Pall.）	–	–	–
	羊柴（*Hedysarum lave* Maxim. cv. Neimeng）	–	–	–
	扁蓿豆［*Melilotoides ruthenica*（L.）Sojak］	–	–	–
	胡枝子（*Lespedeza bicolor* Turcz.）	–	–	–
禾本科（Cramineae）	雀麦（*Bromus japonicus* Thunb.）	–	–	–
	无芒雀麦（*B. inermis* Leyss.）	–	–	–
	老芒麦（*Elymus sibiricus* Linnause）	–	–	–
	狗尾草（*Setaria viridis* L.）	–	–	–
菊科（Compositae）	加拿大蓟［*Crisium arvense*（L.）Scop.］	+ + +	+++	+ + +
	山苦荬［*Lxeris chinensis*（Thunb.）Nakai］	+	+	–
	俄罗斯蓟（*Russian thistle*）	+	+	–
	蒲公英（*Taraxacum mongolicum* Hand. Mazz.）	+	+	–
	草地风毛菊［*Saussurea amara*（L.）DC.］	+	+	–
	万寿菊（*Tagetes erecta* L.）	–	–	–
	苍耳（*Xanthium sibiricum* Patrin）	–	–	–
	黄花蒿（*Artemisia. annua* L.）	–	–	–
	猪毛蒿（*A. scoparia* Waldst. *et* Kit.）	–	–	–
	野艾蒿（*A. lavandulaefolia* DC.）	–	–	–
	茵陈蒿（*A. capillaris capillaries* Thunb.）	–	–	–
马齿苋科（Portulacaceae）	马齿苋（*Portulaca oleracea* L.）	–	–	–
旋花科（Convolvulaceae）	圆叶牵牛［*Pharbitis purpurea*（L.）Voight］	–	–	–
	银灰旋花（*Convolvulus ammannii* Desr.）	–	–	–
大戟科（Euphorbiaceae）	乳浆大戟（*Euphorbia esula* L.）	–	–	–
柽柳科（Tamaricaceai）	柽柳（*Tamarix ramosissima*）	–	–	–
藜科（Chenopodiaceae）	藜（*Chenopodium album* L.）	–	–	–

（续表）

供试植物（学名）		取食性	粪便量	产卵
蓼科（Polygonaceae）	酸模叶蓼（*Polygonum lapathifoliun* L.）	–	–	–
	鲁梅克斯（*Rumex patientia* L.）	–	–	–
鸢尾科（Iridaceae）	马蔺（*Iris lacteal* Pall.）	–	–	–

备注：取食+，不取食–；粪便排泄量多+++，少+

第四节　针茅狭跗线螨寄主专一性研究

选择针茅狭跗线螨喜食的针茅属及针茅草原其他常见禾本科牧草——羊草、冰草、扁穗冰草、披碱草、老芒麦、黑麦草、无芒雀麦等17种植物，接种针茅狭跗线螨进行寄主专一性试验，发现针茅狭跗线螨只取食感染针茅属植物，并且在针茅芒刺（颖果）上感染多，能正常生长发育、产卵繁殖；而对其他植物则不取食，更不能完成生活史。再从针茅狭跗线螨在不同植物叶片上存活的时间看，在针茅上平均存活时间达15.2d，而在其他植物叶片上存活只1.2d。实验结果表明，针茅狭跗线螨寄主专一性强，为将其在田间释放提供了安全保证（表7–5）。

表7–5　针茅狭跗线螨寄主专一性测定

植　物	拉丁学名	感染部位			感染虫态	严重程度
		叶茎	种子	土壤		
大针茅	*Stipa grandis*	+++	++++	+++	成、幼螨 卵	+++
贝加尔针茅	*S. baicalensis*	+++	+++	+++	成、幼螨 卵	++
克氏小针茅	*S. krylovii*	+++	++	+	成、幼螨 卵	+
小针茅	*S. klemezii*	++	++	+	成、幼螨 卵	+
冰草	*Agropyron cristaus*		+		幼螨	
沙生冰草	*Agropyron desetorum*		+		幼螨	
扁穗冰草	*Agropyron cristatum*		+		幼螨	
蒙古冰草	*A. mongolicum*		+		幼螨	
披碱草	*Elymus dahuricus*		+		幼螨	
垂穗披碱草	*Elymus nutans*					
老芒麦	*Elymus sibicus*		+		幼螨	
无芒雀麦	*Bromus inermis*		+		幼螨	
黑麦草	*Secale cereale*		+		幼螨	
羊草	*Leymus chinensis*		+		幼螨	
赖草	*Leymus secalinus*					
洽草	*Koeleria pers*					
芨芨草	*Achnatheum splendens*					

通过针茅狭跗线螨在以上禾本科 17 种植物上都能取食的寄主专一性试验，得知针茅狭跗线螨只在针茅属植物上取食感染，在大针茅种子、叶、茎上感染为害多，在其他针茅上取食危害少，不取食茎叶种子，只在土壤中可检查到幼螨（此螨是接种狭跗线螨时掉入土壤里的）。

第五节　主要天敌昆虫的取食量、耐饥能力测定

天敌昆虫的耐饥饿能力研究，对于发挥其在生物防治中的主导作用、饲养繁殖、引种推广和选育抗逆品种等均可提供依据，同时也可为昆虫耐饥饿机制研究提供参考，更有助于了解生物适应性的产生过程和原理，为其他复杂问题的解决提供思路和基础。

（一）大戟天蛾的取食量测定

对大戟天蛾幼虫饲养乳浆大戟、京大戟、狼毒大戟及乳浆大戟、京大戟、狼毒大戟混合饲养，采用对比称重法，设 3 次重复，观察其取食量及成活率（表 7-6，表 7-7）。

表 7-6　幼虫对乳浆大戟、狼毒大戟、京大戟取食量的测定　（mg）

观察时间（d）	一龄 2	二龄 4	二龄 6	三龄 8	三龄 10	三龄 12	四龄 14	四龄 16	五龄 18	五龄 20	五龄 22
乳浆大戟 10g	0.02	0.04	0.40	1.00	2.6	4.6	3.8	2.6	1.6	1.0	0
狼毒大戟 10g	0	0.01	0.04	0.12	0.8	1.6	1.4	1.20	0.6	0.04	0
京大戟 10g	0.1	0.02	0.06	0.14	1.00	2.0	1.8	1.20	0.8	0.06	0
3 种 10g 混合喂养（各 3.3 g）	0.1	0.02	0.08	0.18	1.2	2.6	2.0	2.1	1.2	0.8	0

表 7-7　幼虫对乳浆大戟、狼毒大戟、京大戟取食量的方差分析

变异来源	DF 自由度	SS 平方和	MS 均方	F 值	F 测验
组间处理	3	8.404 6	2.801 5	2.544 9	0.071 3
组内误差	36	39.629 9	1.100 8		
总 变 异	39	48.034 5			

方差分析可以看出，在几种大戟属植物中，大戟天蛾最喜食乳浆大戟，取食量显著高于其他各处理，其次是京大戟，对狼毒大戟，在没有乳浆大戟

和京大戟的情况下，也取食狼毒大戟，尤其是3种混合饲养的幼虫基本上是取食的乳浆大戟，对狼毒大戟基本上没有取食，幼虫的取食量，随着龄期的增大逐渐增加，3龄是幼虫的暴食阶段，随着日龄的增长，食量逐渐降低，到22d，5龄幼虫基本上不食不动，入土化蛹。3龄幼虫由于处在幼虫发育的快速生长期、暴食期，中期突然中断食物，幼虫很容易被饿死。故3龄幼虫的耐饥饿力差，这一结果也表明，在饲养释放天敌昆虫时，为防治乳浆大戟，要保证3龄期幼虫正常生长发育期有充足的食料。

（二）大戟天蛾的耐饥能力测定

通过耐饥能力的测定，了解大戟天蛾幼虫不同令期不同环境的适应和配合能力，不同龄期的幼虫耐饥能力不同。大戟天蛾1龄幼虫的耐饥饿能力为5d，5d后1龄幼虫全部死亡，死亡高峰发生在第4天。2龄幼虫的耐饥饿力7d，7d后2龄幼虫全部死亡，死亡高峰发生在第6天。3龄幼虫的耐饥饿能力4d，4d后3龄幼虫全部死亡，死亡高峰发生在第3天。老龄幼虫的耐饥饿能力为11d，11d后4至5龄幼虫也全部死亡，死亡高峰发生第9天。从整体规律来看，大戟天蛾幼虫的耐饥饿能力是随虫龄的增大而增强。而3龄幼虫由于处在幼虫发育的快速生长期、暴食期，中期突然中断食物，幼虫很容易被饿死。故3龄幼虫的耐饥饿力差，这一结果也表明，在饲养释放天敌昆虫时，为防治乳浆大戟，要保证3龄期幼虫正常生长发育期有充足的食料。

（三）绿叶甲耐饥饿能力

选择性试验（强制饥饿试验）表明，绿叶甲的耐饥饿能力很强。不同虫态饥饿能力存在差异，并且随龄期增长，其耐饥饿能力逐渐增强。成虫平均耐饥饿能力为11.3d，及个别者近30d。在饥饿状态下较长的寿命显示出绿叶甲在一定逆境条件下具有较强的耐饥饿能力，这将有助于提高其在田间自然条件下的适应能力和对食物的搜索成功率。

（四）欧洲方喙象耐饥饿能力

欧洲方喙象耐饥饿能力强，不同龄期平均达28d。欧洲方喙象最适宜的生长温度是25℃，高于30℃或低于10℃，生长发育则受到抑制。1龄欧洲方喙象在没有食物情况下，耐饥饿能力最长达28d，最短2d，平均为21d；2龄欧洲方喙象在没有食物情况下，耐饥饿能力最长为30d，最短达4d死亡，平均为 20d；3 龄欧洲方喙象在没有植物饥饿状态下最长达 35d，最短 6d，平均为 23d；各龄期欧洲方喙象平均耐饥饿能力达 28d。

第六节　大针茅病害及生防利用

为多途径寻找控制大针茅颖果危害家畜的方法，我们开展了大针茅病虫害调查，试图找到只危害大针茅颖果的病原菌类或昆虫，以便对它们作进一步深入研究，探讨生物防治的途径。

在内蒙古锡林郭勒草原的大针茅上发现有由茎黑粉菌引起的黑粉病，对被用做控制大针茅和贝加尔针茅种子（颖果）危害生防作用物进行了研究，发现 5 种大针茅真菌病害是茎黑粉病、穗黑粉病、叶枯病、茎枯斑病和锈病。这 5 种病害均属国内首次新发现的大针茅病害，其中穗黑粉病在大针茅草场上发生较为普遍，其他仅有少量或微量发生。

大针茅病害如下。

1. 茎黑粉病［*Ustilago hypodytes*（Schlecht.）Fries］

植株感病后，茎秆外面被黑粉病菌的厚垣孢子包围，也侵染花序。此病发生在芨芨草、羊草、赖草和针茅属等多种禾本科植物上，大针茅上国内于 1997 年 8 月首次发现，仅见个别株丛发病，但发病株丛基本不能正常开花结实。

2. 穗黑粉病［*Ustilago zoilliamsii*（Griffiths）Lavrov］

病害主要发生于穗部，使花序受害呈黑粉状，靠近穗下部的茎节也可被病菌的黑粉状厚垣孢子包围，但再下部节间极少受害。由这种黑粉菌引起的几种针茅属植物黑粉病在新疆已有发生报道，但未见发生于大针茅上的记载。威廉斯黑粉菌在内蒙古地区也是首次发现。1998 年 8 月下旬至 9 月，大针茅穗黑粉病在锡林郭勒草原内蒙古军区牧场发病率较为普遍，发病率达 45.9%~65%，有病株丛率达 3.15%~4.66%。半数以上的发病株丛穗子全部被毁。

3. 锈病（*Pucciniastipae* Arth）

大针茅种子中发现，混在种子间的碎叶片上有锈病的孢子堆。

4. 叶枯病（*Ascochyta* sp.）

在草地上发现有叶片枯死的大针茅植株，或是多年生株丛内有个别新分蘖枯死。枯死的叶片上和叶鞘外常有由叶枯病生长而产生的灰黑色霉斑，叶片上仍保留有未长霉的近白色部分，其上生有许多小黑点，即叶枯病病原菌的分生孢子器。本病在国内大针茅上属首次报道。

5. 茎枯斑病（*Hendersonia* sp.）

病株（枝）的下部茎节上有不规则形的灰白色病斑，边缘褐色，病斑上有黑色小点，即病原菌的分生孢子器。病原菌为壳色多隔孢壳蠕孢，茎枯斑病属的真菌。

第七节　针茅病害的利用评价

茎黑粉菌和针茅锈菌用做大针茅和贝加尔针茅等在一定时期内有害植物的生防作用物需要慎重而深入地研究，看它们种内是否有寄生专化性的菌系或菌株，而且需要连续测定其专化性的稳定性，大针茅在我国草地畜牧业中发挥着很重要的作用，它们对绵羊的危害仅仅是种子成熟后的一个阶段，用生物防治法解决种子危害问题无非是利用病原微生物寄生使之不结种子。

从对大针茅颖果危害的生物防治考虑，目前只有威廉斯黑粉菌和茎黑粉菌有破坏颖果的作用，可以用做防治大针茅颖果危害的生防作用物。但是，茎黑粉菌寄主范围较广，除针茅属植物外还危害其他优良禾草，从安全性考虑对它的利用应更加慎重。

穗黑粉病用做防治大针茅颖果危害的生防作用物，较茎黑粉病稍好一些。首先，目前尚未发现在国内危害其他属的优良禾草，寄主范围比较窄，这是较茎黑粉病有利的一点；它在大针茅草场上的自然发病率较高，对控制大针茅颖果危害的作用也更大一些，用做生防作用物成功的可能性也就更大。但是在研究该病菌生防利用方法的同时必须研究出对该病的有效防治方法，或者是找到一种可在大针茅草原上能在短朔内代替大针茅的优良草种，这种草在产草量、品质、抗性（包括抗病性）等方面至少都不次于大针茅，而对家畜又不产生任何危害，否则用这种黑粉病对大针茅颖果危害进行生防可能会带来反面结果。

第八章

主要天敌昆虫的控制作用效果的评价

天敌昆虫释放如取得良好的控制效果后，一旦在野外建立种群并通过转移到其他区域发挥对目标害草控制作用，其防效就会保持较强的持久性。确定天敌昆虫控制杂草的效果，一般采用排除法、增加法或干扰法实验。然而更多的则是根据释放前后杂草的生长密度或被取食部位的生长参数（如株高、叶面损失及繁殖力等）进行评价。本研究在释放天敌昆虫后，对受控杂草——加拿大蓟、乳浆大戟的株高、叶面损失等生长参数进行了测算，并依据植株的受损程度（或天敌昆虫对杂草的取食程度）确定不同分级标准，综合评价对加拿大蓟、乳浆大戟的控制效果。

第一节　优势天敌昆虫饲养繁殖与释放技术

（一）大戟天蛾的饲养繁殖与释放技术

1. 室内饲养繁殖

成虫饲养：将大戟天蛾成虫雌雄配对后接入罩纱网的养虫笼内，在笼顶端悬挂蘸有蜂蜜水或其他含糖饮料的脱脂棉条，为成虫提供蜜源以补充营养。在笼内放入生长良好的盆栽乳浆大戟幼苗供成虫产卵；也可以选择幼嫩的乳浆大戟顶端枝条，用脱脂棉球缠绕幼苗或幼枝茎秆末端，插入盛有水的安瓿瓶或塑料瓶中，使下部茎秆（或根）完全浸入水中保湿。

卵孵化：剪下产有卵的乳浆大戟叶片，放入铺有滤纸的培养皿内，用脱脂棉缠绕叶柄，滴水保湿，保持皿内相对湿度75%左右。卵孵化后1~2d移接于乳浆大戟植株上，植株上发育羽化后接成虫于温室试验地内。

2. 释放技术

成虫释放法：笼罩内用捕虫管捉取大戟天蛾，放入养虫盒内，2头/盒。如果释放地较远，可在盒内放置蘸有蜂蜜水的棉球，此法适于大戟天蛾成虫大量羽化时期，用于短途释放效果最佳。

挂卵释放法：室内饲养大戟天蛾，将产有卵的乳浆大戟幼苗或幼枝连同安瓿瓶一起挂在植株上，卵孵化后幼虫可直接转移到乳浆大戟茎秆上。每株挂1瓶，每瓶内上有卵10~20粒为宜。安瓿瓶内水应充足，否则乳浆大戟幼苗会枯萎影响孵化。此法适于连续阴雨天气。

幼虫释放法：室内饲养大戟天蛾，将孵化出的幼虫用毛笔小心接种到乳浆大戟植株幼嫩部位。此法要求在晴朗无雨天气进行，如接虫后两天内遇大雨，需要补接。此法适于特定植株（如控制效果试验、食性测定试验）的释放工作。

外地释放：当释放地点离饲养地点较远而需长距离运输时，可先将幼虫放入薄膜袋中，扎紧袋口，在袋上刺些小孔通气，放置新鲜叶片作为饲料。再放入大纸盒或木箱中运送至目的地释放。

（二）加拿大蓟绿叶甲的人工饲养与释放技术

1. 绿叶甲的室内人工饲养繁殖

卵的收集：把绿叶甲成虫放进80cm×80cm×80cm的养虫笼中，每笼接虫50对。用盆栽育好的加拿大蓟植株饲养成虫，让成虫在其上产卵。将带卵的叶片剪下，放入培养皿，叶柄用脱脂棉球保湿在人工气候箱内培养。

幼虫群体饲养方法：将初孵幼虫接入透明塑料盒（20cm×30cm×12cm）用新鲜加拿大蓟叶片或嫩茎饲养，盒内用脱脂棉保湿，每盒接虫30头，每天更换饲料。幼虫老熟后，将其放入装有5~10cm土层的塑料盒内（适当喷水保持土壤湿度20%~30%）。

蛹及成虫的饲养：加拿大蓟绿叶甲在土里化蛹，蛹期4~8d。羽化前在盆外罩纱网，搜集羽化的加拿大蓟绿叶甲可用于田间释放。

2. 天敌释放技术

成虫释放法：笼罩内用捕虫管捉取加拿大蓟绿叶甲每管内10头，棉塞塞管口。如果释放地较远，可在管内放置新鲜加拿大蓟叶片以补充食物。大量释放时可搜集多管置于大纸箱或木箱中运送。

幼虫释放法：将室内饲养得到的初孵幼虫用毛笔小心接种到加拿大蓟植株幼嫩部位。此法要求在晴朗无雨天气进行，如接虫后两天内遇大雨，需要补接。此法适于特定植株（如控制效果试验、食性测定试验）的释放工作。

（三）针茅狭跗线螨的人工饲养繁殖与释放技术

1. 针茅狭跗线螨的室内饲养繁殖技术

选择针茅狭跗线螨喜食的针茅叶片作为饲料进行饲养。

扩繁：为提供试验所需螨源，将针茅狭跗线螨放在群体饲养盒内进行群体饲养；需要单独试验时再将螨移入个体饲养盒内。由于螨对湿度和光较为敏感，所以在盛放饲养盒的搪瓷盘内置入海绵，然后灌适当的水保湿，在海绵上铺上滤纸，以防海绵吸水过多流入饲养盒，在滤纸上放置饲养盒，在饲养盒上盖黑布，以确保黑暗无光照。

当扩繁到一定规模后，将雌雄成螨接种到温室内人工栽种及水培的针茅植株上（株高 20cm 左右）进行大量饲养扩繁。针茅狭跗线螨生长发育快，接种 5d 后即有大量卵出现，10d 后出现若螨，30d 后可达到大量繁殖。

贮藏：大量繁殖的天敌在释放前要有适当时间的贮藏，一般采用降低发育速度进行贮藏。研究发现针茅狭跗线螨 5℃ 贮存 35d 后，存活率为 83. 4%，贮存 50 d 仍达 75. 6%~81. 1%。每次将其从冰箱拿出很快就恢复活力，正常取食、交配。观察中发现针茅狭跗线螨卵在 10℃ 中仍能少量孵化，若螨存活率比其他螨态低。针茅狭跗线螨进行的试验表明，雌成螨在 5℃ 左右温度下贮存，一般经 65d，存活率仍在 85%以上。

2. 针茅狭跗线螨田间释放技术

释放针茅狭跗线螨的时间在应选择针茅生殖生长初期的晴天上午为宜。

成虫释放：在放大镜或解剖镜下挑取针茅狭跗线螨成螨，100 头/管置于指形管（1cm×10cm）内，可在管内放置蘸有新鲜针茅汁液的小棉球，管口用 300 目纱布封住。此法用于短途释放效果较佳。

越冬茎秆释放：针茅狭跗线螨以卵在针茅叶鞘部越冬，入冬后于冰冻以前将茎秆放入室内保存，越冬成活率可达 85. 9%。将带螨茎秆装于纸盒挂在需要释放的针茅上，使其自然扩散。

外地释放：当释放地点离饲养地点较远需长距离运输时，先将饲养盒中的螨放入薄膜袋中，扎紧袋口，在袋上刺些小孔通气，再装入大纸盒或木箱中运送至目的地释放。

第二节 优势天敌昆虫控制效果的评价

（一）乳浆大戟天蛾对乳浆大戟的控制作用评价

1. 室内控制效果

室内单株盆栽乳浆大戟，将植株用尼龙纱罩笼饲养乳浆大戟天蛾。每笼分别放1龄幼虫为2头、4头、6头、8头、10头、12头，每处理重复5次。每天观察取食情况，如有幼虫死亡，随时补充同龄幼虫，持续观察20d，结果如下：从图8-1中可以看出，乳浆大戟天蛾幼虫对乳浆大戟的控制作用明显，密度在每株2头以上，短期内（20d）可以控制乳浆大戟的开花、结果；4头以上，可以控制乳浆大戟的营养生长；6头以上，可以杀灭乳浆大戟植株；降低其在草原中的危害面积。

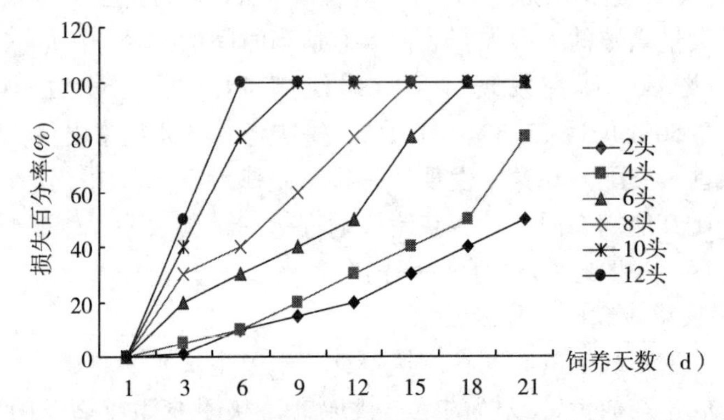

图8-1 室内盆栽条件下乳浆大戟天蛾对乳浆大戟的控制效果

2. 大戟天蛾对乳浆大戟的田间控制作用

连续几年对乳浆大戟天蛾控制乳浆大戟试验效果观察。通过放虫后，乳浆大戟植株的高度、叶宽均逐渐下降，尽管这些指标呈现出季节性波动，但总体呈下降趋势。第1年株高为58.04cm，叶面损失为40.33%；而第2年同期，株高42.21cm，叶面损失为53.51%。2年株高和叶面损失分别为24.94cm、61.85%；而第3年调查指标分别为16.76cm、77.59%。到第3年春乳浆大戟返青少，个别返青长势不好，在各小区内，只有很少的乳浆大戟小苗。这表明大戟天蛾对乳浆大戟单株的长势起到了明显的抑制作用，在田间大戟天蛾控制乳浆大戟是完全可行的。

与化学防治、人工和机械防除相比，生物控制速度虽然较慢，但天敌昆虫一旦在野外建立种群并获得良好的控制效果后，它和杂草建立起相互抑制的动态平衡，因此防效就有较强的持久性。而人工和化学防治后，杂草种群却很容易再次爆发成灾，因而持久性较差。本项研究在4年的时间内就使乳浆大戟得到了基本控制，同年复一年的人工和化学防治相比，防治成本是很低的。利用天敌昆虫防治杂草的另一优势在于，天敌不仅可以控制释放区的杂草，它们还可自动转移到其他区域发挥控草作用。影响天敌昆虫防效的生物和非生物因素很多，放虫前害草长势、放虫量、放虫虫态、其他捕食及寄生天敌昆虫的生物种类和数量等均可影响防治效果。

3. 乳浆大戟黄跳甲对乳浆大戟的控制作用

在中国农业科学院草原所沙尔沁试验地种植乳浆大戟，8月初将部分从大田采集的黄跳甲放入乳浆大戟实验地100头，与没有放黄跳甲（对照）的处理进行比较。第2年观察，释放黄跳甲的实验地，乳浆大戟返青明显减少，只有个别返青，花期也推迟，没有释放黄跳甲的乳浆大戟正常返青。

随着放虫后天数的增加，控制效果均逐渐增强（图8-2），在每$1m^2$虫口密度为5头、10头、15头、20头、25头、30头的条件下，以20头/株控制效果最佳，在放虫后35d为85.29%；其次为30头/株，其防治效果达73.51%，5头/株的控制效果最差，防治效果最差者仅为24.37%。

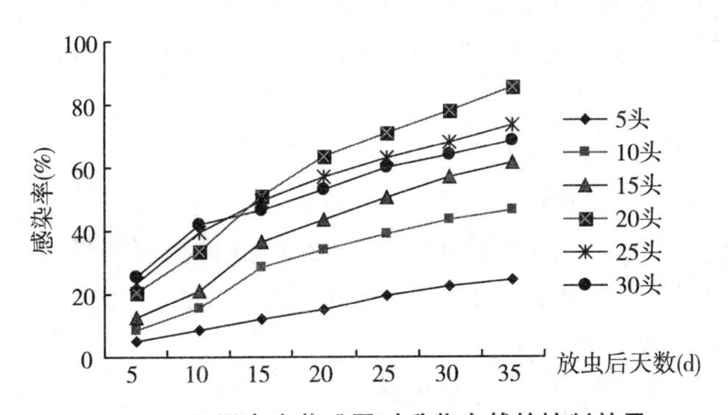

图8-2　不同密度黄跳甲对乳浆大戟的控制效果

4. 绿叶甲对加拿大蓟田间控制效果

在草原所试验地设置田间试验区，分别按不同重口密度接入绿叶甲幼虫。在放虫后第3天开始观察控制效果。随着放虫后天数的增加，控制效果均逐渐增强，在单株虫口密度分别为2头、4头、6头、8头、10头的条件下，以8头/株控制效果最佳，在放虫后15d为82.68%；其次为10头/株，其防治效果达73.51%，2头/株的控制效果最差，防治效果最差者仅为

25.41%（图 8-3）。

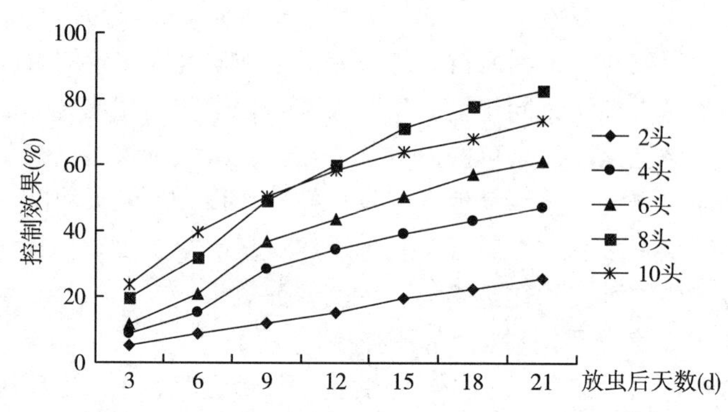

图 8-3　不同密度绿叶甲成虫对加拿大蓟的控制效果

从不同的虫口密度对加拿大蓟的控制效果来看，并非接虫密度越高控制效果越好。分析其原因，可能是由于高密度的幼虫之间存在一定干扰效应，使得高密度下的控制效果反而并非最好。因此，在放虫时应注意到密度制约效应，释放的昆虫种群密度不能过高，否则会导致高密度下幼虫间产生“干扰效应”，影响个体间取食，取食速率和取食量均下降，延缓个体发育，导致幼虫在一定空间内因种群密度过高而死亡或迁移。因此，在评价天敌昆虫的控制作用时，考虑要达到较好的控制效果，应根据天敌的生物学、生态学特性及被控制对象的营养性状综合评价天敌控制的有效性。

5. 欧洲方喙象对加拿大蓟田间控制效果

随着放虫后天数的增加，控制效果逐渐增强，在单株虫口密度分别为 2 头、4 头、6 头、8 头、10 头的条件下，以 6 头/株控制效果最佳，在放虫后 15d 为 80.14%；其次为 4 头/株，防治效果达 58.62%，10 头/株的控制效果最差，防治效果最差者仅为 38.33%。

6. 针茅狭跗线螨田间释放效果评价

田间试验于 6 月在中国农业科学院草原所沙尔沁试验基地进行。每小区为 4 行，每行 15 株；行距、株距均为 30 cm，小区 2m 宽的杂草带隔开。试验设 6 个处理，3 个重复，采用完全随机区组设计。释放量分别为成螨 200 头/m^2、300 头/m^2、400 头/m^2、500 头/m^2、600 头/m^2。控制效果调查在放螨后第 5 天开始，每隔 5d 调查一次。调查时按单株针茅感染针茅狭跗线螨的程度计算每小区的感染率，并根据植株的受损程度，最终得到控制效果。

研究结果（图 8-4，图 8-5）表明，每小区螨释放量从 200 头/m^2 至

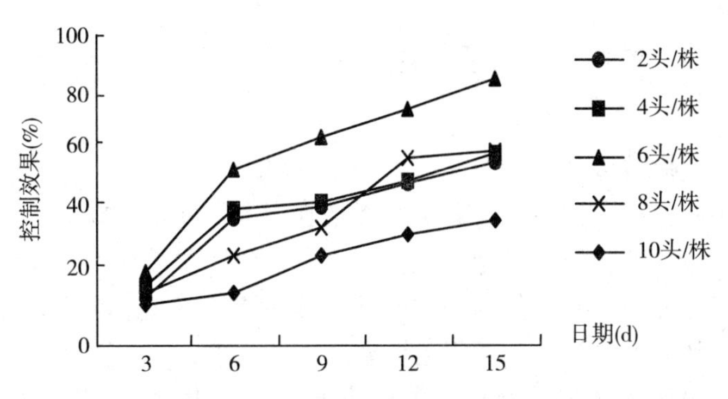

图 8-4　田间条件下欧洲方喙象对加拿大蓟的控制作用

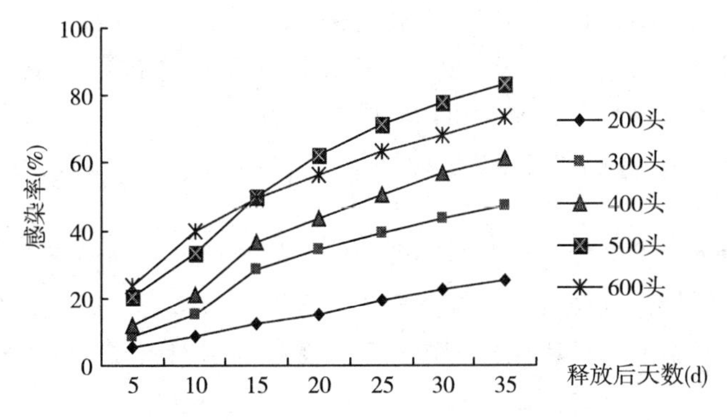

图 8-5　田间条件下针茅狭跗线螨对针茅芒刺的控制作用

500 头/m^2控制效果（针茅狭跗线螨感染率）逐渐升高，以 500 头/m^2 为最佳，而释放量为 600 头/m^2时控制效果则有所下降。与未接针茅狭跗线螨的针茅相比，接螨后的针茅植株矮小枯黄，针茅颖果芒刺变软，叶片产生褐色畸形斑点，个别植株只孕穗不抽穗，或形成扁穗、白穗等。

从不同虫口密度的天敌对靶标毒害草的控制效果来看，并非接虫密度越高控制效果越好。分析其原因，可能是由于高密度的幼虫之间存在一定干扰效应，使得高密度下的控制效果反而并非最好。因此，在放虫时应注意到密度制约效应，释放的昆虫（螨）种群密度不能过高，否则会导致高密度下幼虫间产生“干扰效应”，影响个体间取食，使取食速率和取食量均下降，延缓个体发育，导致幼虫在一定空间内因种群密度过高而死亡或迁移。

第三节　对生物防治经济效益分析

（一）生物防治技术——天敌保护利用技术

利用生物技术防治草原有毒植物就是利用专一性昆虫或细菌、病毒侵染毒草以达到清除或控制有毒植物的目的。采取生物防治尽管收效缓慢，但能合理利用草原资源，且效果好、成本低。然而，使用起来不是没有风险。

采取生物防治措施，利用天敌昆虫防治草原毒害草，国外已有许多成功经验，国内虽然在“以虫治草”方面也有成功的先例，但在天然草原恶性毒害草的生物防治研究中，中国农业科学院草原所仍做了大量研究工作。包括找出不同绿色防控技术的切入点和交叉点，开展重大病虫灾害绿色控害技术的集成组装，实现“以虫治虫”“以菌治病”和“以菌治虫”等绿色防控技术措施的有机整合，避免出现不同控害措施的相互制约、防效抵消等负面影响。发现可协调利用的绿色控害措施结合点，有机地整合耐药性天敌昆虫。

寡寄主虫生真菌生物农药，协调增效、持续控制共同靶标害虫，从施药时期、施药剂量、施药方式、施药器具等方面综合考虑，避免负面影响、达到不同生防措施的和谐利用、创造双赢或多赢的生态康复、绿色控害、降低农残、环境安全的新局面。

（二）生物防治技术所产生的效益

有毒有害草生物防治适用于我国北方牧区、农牧交错区和部分农区应用推广，解决这些地区因乳浆大戟、加拿大蓟及针茅芒刺蔓延危害造成的农牧业减产、生态环境恶化等问题。有毒有害草生物防治通过与农业、物理、性诱剂等技术的协调，有效提升生态系统自身康复功能建立完善的技术推广体系，各种技术协调配合，保证了生物防治技术的推广示范。

利用生物防治技术有效地抑制了乳浆大戟、加拿大蓟及针茅芒刺的危害，取得了显著的经济效益。该科研成果的推广与应用明显控制了这 3 种毒害草的危害，且可以有效遏制草地退化、沙化及水土流失。此外，技术实施后，可少用或不用化学除草剂，减少了农牧民的防治投入，对改善项目区生态环境起到了积极的促进作用。从而降低了生产成本。另外，农作物（小麦）与牧草产量提高，对当地农牧业的稳定发展起到了积极的推动作用。

推广本项技术使当地农作物增产增收，牧草覆盖度增加，草地生产力大幅度提高；该项成果的各项技术，包括天敌的生物学特性研究、室内扩繁技术、田间释放技术与控制效果评价等已经成熟，在内蒙古、甘肃、宁夏、新疆等省（区）进行了推广应用，防治乳浆大戟、加拿大蓟及针茅芒刺面积累计达 435 万 hm^2，共挽回牧草损失 4 735.84 万 kg、农作物（小麦）损失 2 935.13 万 kg，羊皮损失 227.03 万张，总经济效益达 13 605.08万元。

该技术适用于我国北方牧区、农牧交错区和部分农区应用推广，解决这些地区因乳浆大戟、加拿大蓟及针茅芒刺蔓延危害造成的农牧业减产、生态环境恶化等问题。项目研究成果推广应用的首要条件是建立完善的技术推广体系，在项目实施过程中，成立了技术推广领导小组，中国农业科学院草原研究所与各主要完成单位之间签订了项目合作协议；各主要完成单位与技术推广单位之间均有长期的合作关系，配合默契，上述这些组织协调工作的顺利开展，保证了技术推广工作的正常运作。同时技术推广工作还十分注意以服务于地方经济建设为主旨，征得有关部门的支持也是推广工作获得成功的一条经验。

目前，已初步形成了以中国农业科学院草原研究所为核心技术提供者，省（区、盟市、旗县）农牧局、草原站及植保站为技术推广者，农户为技术应用者的技术推广应用网络。在未来几年内，随着新技术的进一步推广应用，必将取得更大的经济效益、社会效益及生态效益。

（三）生物防治技术存在的问题

以往防治技术的核心是化学防治。尽管在我国草原有毒有害植物防治方面做了许多的工作，但是生产中家畜因采食毒草而中毒或死亡的事件每年都有大量发生，草原有毒植物的滋生和蔓延并没有得到有效地控制，有毒植物侵占后的草原植物多样性大幅度下降，使得草原生态系统变得更加脆弱。草原有毒有害植物防治工作依然存在大量问题亟待解决。

草原有毒植物的防灾工作一直没有得到足够重视。基础性研究相对薄弱，对有毒植物的种类、数量、地区分布、占有面积、受害畜种、危害程度、经济损失等有关权威的本底资料缺乏，各地的研究者报道的数据资料可比性差。面上的一般性的研究调查较多，而针对某一种有毒植物的深入研究偏少。例如，有毒植物种群繁殖扩散机理的研究是防除工作的重要理论基础，有毒植物造成的经济损失的估测和草原有毒植物防除的经济阈值问题在国内尚属空白。防除技术单一，注重除草剂筛选和人工挖除，忽视草原科学合理利用防治；重家畜中毒的治疗，轻有毒植物开发利用；研究部门各专业互不联系，多是站在本专业角度上做有毒植物的研究，所形成的技术单一，片面的解决问题，考虑整体和长远的利益与生态问题有限，对草原毒草的蔓延和家畜被迫啃食毒草束手无策；有毒植物的化学控制手段与草原植被快速恢复之间严重脱节，没有形成有机地结合；而且所取得的科研成果具有地区和行业间的局限性，得不到大面积的推广应用。虽然人们已经认识到有毒植物给草原畜牧业带来的灾害，并采取了相应的措施，但有毒植物对草原畜牧业发展的影响却有增无减，草原有毒植物的利用研究工作进展缓慢，远远不能适应我国草业可持续发展战略的需要。

毒草灾害对草业和畜牧业的发展构成一种“潜在的危险”，由过去的低风险上升为目前的高风险状态。必须坚持可持续发展战略、生态修复战略、草原安全战略，采取积极的防治政策，建立长效机制，根治毒草危害，实现草地的生态平衡与畜牧业的经济平衡，建立重大毒草灾害报告制度，实施草原毒草调查技术规范和防治标准，逐步减少毒草灾害造成的经济损失；以鼓励科技创新为依托，在研究和推广治理毒害草技术的同时，有效利用和保护草原毒害草资源为民谋福利。

第九章

草地有毒有害草与其他植物的关系

第一节　草地有毒植物与其他物种的关系

草地有毒植物与其群落经常遭受放牧、刈割、火烧、其他物种的种间关系影响。研究草地有毒植物生态学的终极目标是实现对有毒植物的有效控制，那么，揭示有毒植物的入侵、传播、扩散、萌发、定植和繁殖过程中的生态机制就成为控制有毒植物的重要理论基础。

种间联结性是对各个物种在不同生境相互影响、相互作用所形成的有机联系的反映。草地有毒植物与其所分布群落内其他植物的种相互关联能够反映有毒种间联结性，其测定技术是在植物生态学、植被分析中获得广泛应用而发展起来的。

多物种种间联结的测定与统计技术较为复杂，植物的种间关联可以被定量地测定与描述。测定结果包括3种基本类型，即正关联、负关联和无关联。正关联是由于一个物种依赖于另一个物种，如共生、寄生、附生（包括攀缘）等，或由于几个物种因对生境条件有相似的适应和反应。负关联是由于一个物种排斥另一个物种，如单纯的空间排斥，竞争或化感作用，或由于它们对生境的适应和反应不同而有不同的环境和资源需求。而无关联则是由于两个物种中，一个物种的存在与否不影响另一个物种的存在。虽然种间关联关系已经比较容易被测定，但是导致种间关联的原因往往是比较难于解释的。原则上，种间关联的原因归纳为：①相关的两个种选择或回避同生境因子；②它们具有基本相同的生物和作为生物的环境要求；③一个种对另一个种或两个种之间有某种密切的关系。

种间竞争，一般是指两种或更多种生物共同利用同一资源而产生的相互妨碍作用，竞争排斥原理的限制性资源假说及 Hutchinson 的生态位分化理论都是阐述种间竞争的重要生态学理论。竞争可以分为资源利用性竞争和相互干涉性竞争。植物的种间竞争通常是资源利用性竞争，即对光、水、矿质营养和生存空间的竞争。

近年来，入侵植物与本地植物竞争关系的研究引起国内外学者的极大兴趣。其中，对外来种的竞争及其影响的研究被认为是理解外来植物入侵机制和植被替代过程的重要途径（Connolly 等，2001；Mangla 等，2011）。研究表明，草地有毒植物作为外来植物或者本土植物大最地滋生、蔓延，与草地群落中的其他植物发生资源或空间竞争，消耗土壤中的可利用资源，甚至改变土壤质量，因此能够抑制牧草的生长（祝心如等，1997；于兴军等，2005；Jandova 等，2014；Li 等，2014）。但是竞争作用的后果通常是相互的，即竞争者彼此都受到负面的干扰甚至抑制。据此，可以种植适当的植物来抑制草地有毒植物，从而实现草地有毒植物的有效控制。

第二节　有毒植物与微生物的关系

在我国青藏高原东部的四川省阿坝藏族羌族自治州松潘县草地上，狼毒种群斑块内部土壤表层微生物量碳、氮显著高于斑块外部：在平坦河谷和山坡生境内，狼毒种群斑块内土壤总硝化作用和微生物呼吸作用均显著高于斑块外部，而反硝化作用仅在平坦河谷生境的狼毒斑块内外差异显著，较高的上凋落物数量和质量，如较高的组织氮水平和较低的纤维素/氮比）通常与较高的微生物量碳即营养的转化速率相关联，研究表明，高质量的凋落物增加了易分解的氮、碳向土壤输入，因此导致微生物量增加、活性增强，狼毒斑块内较高的微生物量、呼吸和营养转化速率应该是由较高的地上生物量和质量导致的。

在我国云南省西南部的落叶阔叶混交林进行的研究表明，紫茎泽兰显著地增加了土壤中囊泡丛枝真菌菌根的丰度和真菌/细菌比。与非侵入地段比较，在紫茎泽兰严重侵入地段土壤资料定植的本土：植物相比较，紫茎泽兰通过土壤群落与本土群落的关联更多的是产生“正效应”入侵种紫茎泽兰一旦定植成功就会通过自身的特性及影响本土植物而改变土壤生物群落，促进其入侵。

第三节　有毒植物与草食动物的协同进化

众所周知，家畜过量采食有毒植物会导致中毒。但是，在长期进化过程中，草食动物与有毒植物之间发生协同进化，传统的对有毒植物的研究主要关注于导致家畜中毒的植物种类，植物体内的有毒成分，中毒家畜诊断和减少家畜中毒管理技术等，而有毒植物、毒物成分的进化历史，以及有毒植物与家畜的协同进化却很少被关注。在早期的文献中，基本上都认为植物的有毒成分是一种“废物”。但是后来越来越多的昆虫学、植物生物化学等领域的研究报道认为，植物体内的有毒次生代谢物可能是对昆虫和食草动物来说毒素已经成为一种“防御”系统，那么其功能应该包括极端毒性。植物的这些防御手段能减少动物的取食，因而使有毒植物在自然群落中更有竞争力。如果说植物毒素是一种防御系统的话，那么就可以推定食草动物也将必然形成防止中毒的“协同进化”机制。大型食草动物的适应性进化应包括从基础日粮中减少有毒植物的数量、探测与回避有毒植物的能力及解毒能力等。某些植物体内的有毒化合物的浓度很高或者其结构十分复杂，那么，形成和存储这些物质必然消耗太多的能量，除非这些化合物具有增强适合度的某些功能，如防御食草动物取食，否则就没有必要，昆虫和一些食草动物形成抵抗、解毒、或者使植物毒素无效的能力。由此推定，有毒植物与食草动物发生了协同进化。关于草原有毒植物与大型草食动物的协同进化的综述文章发表后，协同进化问题受到较普遍的关注。但是我们确信，有毒植物与草食动物的协同进化研究对于草地管理包括控制有毒植物蔓延、减少家畜中毒损失均具有更重要的理论意义和实践指导价值。

第四节　利用种间竞争控制乳浆大戟

乳浆大戟（*Euphorbia esula*）是北美草地分布广泛、危害严重的一种有毒植物。传统治理乳浆大戟的手段就是使用除草剂灭除。但是，除草剂的使用也受到许多条件限制，如费用较高、污染土壤、环保敏感地段被禁止使用等。因此，寻找非化学的治理方法势在必行。生物防治是一种符合生态环保要求的技术，如利用天敌昆虫、放牧绵羊或山羊、栽培具有竞争力的牧草等。利用竞争力强的禾草来控制乳浆大戟的方法很早就被认识到。种植禾草并配合使用除草剂控制乳浆大戟的方法在美国、加拿大已经有比较成功的经验。

在美国的北达科达州进行了一个连续 3 年的实验，评价 12 种禾草对乳浆大戟的控制效果（Lym 和 Tober，1997）。其中，在 Fargo 进行了 8 种禾草处理的实验。

实验小区设在乳浆大戟密度很高的地段，乳浆大戟为多年生宿根型植物，根部具有无性繁殖能力。1990 年 5 月、7 月先后两次使用草甘膦+2,4-D去除乳浆大戟的顶端生长优势，以保证苗期禾草建植成功。1990 年 8 月播种禾草，1991 年 5 月使用浪草睛+2,4-D灭除阔杂草 1 次。“草甘膦+2,4-D”处理小区为每年 9 月喷施除草剂 1 次。

研究结果表明，无芒雀麦（*Rebound*）、冰草（*Rodan*）、俄罗斯新麦草（*Bozoisky*）、披碱草（*Arthur*）都能减少乳浆大戟的茎密度，禾草建植 3 年后乳浆大戟密度比对照平均减少了 63%；中间冰草（*Reliant*），每年均能减少乳浆大戟密度，其中禾草建植后的第 2 年乳浆大戟减少 58%，禾草一直维持较高的产量。

第十章

草地有毒有害草化感作用

化感作用植物（包括微生物）之间的生化互作，其中，这种互作既包括自然抑制的作用，又包括促进的作用。化感现象中，植物通过分泌化感化合物影响其他植物、微生物或自身的生长和繁殖。植物化感物质是一些次生代谢物质，它们在次生代谢中通过醋酸途径或莽草酸途径而产生。

有毒植物的化感作用随着科学研究的迅速发展，对植物化感作用的认识也在不断深入和全面。20 世纪 80 年代中期将有益的作用和有毒作用补充到植物化感作用中。所谓化感作用（allelopathy）是指植物或微生物的代谢分泌物对环境中其他植物或微生物的有利或不利的作用。随着对化感作用研究的不断深入，人们越来越认识到，化感作用广泛存在于自然或人工的生态系统当中，在自然植物的形成与演替、种子萌发与幼苗生长、农业生产中的间混套作与轮作等过程中都存在化感作用（阎飞等，2000）。研究表明，入侵植物与本土植物、农作物与杂草、植物与微生物及本土植物之间均存在不同程度的化感作用（Richard 等，2006；Pollock 和 holben，2009；孔垂华等，2004）。因此，研究化感作用是揭示生物种关系的一种重要的途径。

近年来，草地有毒植物的化感作用研究也越来越多地受到关注，特别是我国学者在此方面做了大量的工作（钟声等，2007；万欢欢等，2011；李翔等，2011a）。草地有毒植物的化感作用对邻体植物多表现为“偏害作用”。大量的实验研究表明，草地有毒植物的水浸液、乙醇提取物或某一部分器官（如根）物质对其他牧草的种子萌发、幼苗生长具有抑制作用（周淑清和黄祖杰，2005；邓建梅等，2009；Zhou 等，2013）。狼毒根系含有多种黄酮类物质，对拟南芥（*Arabidopsis thaliana*）幼苗生长具有抑制作用（Yan 等，2014）。狼毒根粉碎物在土壤里腐解过程中对蒙古冰草（*Agropyron mongolicum*）幼苗的株高、鲜重、叶绿素相对含量、叶面积的抑制作用未达到显著水平，说明蒙古冰草对狼毒的化感作用具有很强的耐抗性，可将其作为对狼毒侵占的草地进行植被恢复的备选草种（王慧等，2008a）。黄花棘豆（*Oxytropis ochrocephala*）高浓度的水提液可使油菜（*Brassica campestris*）幼苗根系受损，降低幼苗的可溶性蛋白和叶绿素含量，因此抑制油菜幼苗生长（李翔等，2011b）。不同植物对紫茎泽兰化感作用的敏感程度不同，无芒虎尾草（*Chlorisgayana*）、白三叶（*Trifolium repens*）、细叶苦荬（*lxeris gracilis*）等幼苗对紫茎泽兰叶片提取液化感作用较敏感，而紫花苜蓿（*Medicago sativa*）最不敏感（郑图和冯玉龙，2005）。

有毒植物的不同器官、不同的化感作用物种类、浓度等都是影响有毒植物化感作用结果的重要因素。筛选对有毒植物化感作用具有一定抗性的牧草用于有毒植物的替代控制，在防控有毒植物危害上具有重要意义。

应当指出的是，具有化感作用的化学物质还同时具有其他生态作用，如植物防御、营养螯合（nutrient chelation）、调节土壤生物群系并影响凋落物分解和土壤肥力等。在生态系统尺度上，化感物质的作用能够增强、减弱或者修饰群落尺度的功能。植物释放的次生代谢物对于凋落物分解、动物采食、营养相互作用和氮循环具有强烈的影响。尽管在过去50多年里进行了大量的化感作用研究，但是，在更广阔的生态学领域内植物化感作用研究却为数较少（王大力，1999；Thorpe 等，2009；Da silva 等，2015）。化感作用的研究不应仅局限于种间尺度，还应当在群落乃至生态系统尺度上研究化感作用与群落和系统功能的关系。

第一节　植物化感物质

植物中所发现的化感物质主要来源于植物的次生代谢产物，分子量较小，结构简单，主要分为水溶性有机酸、直链醇、脂肪族醛和酮，简单不饱和内脂，长链脂肪酸和多炔、醌类、苯甲酸及其衍生物，肉桂酸及其衍生物、香豆素类、类黄酮类、单宁、内萜、氨基酸和多肽、生物碱和氰醇、硫化物和芥子油苷，嘌呤和核苷等14类（Riec，1984）。其中酚类和类萜类化合物是高等植物的主要化感物质。它们分别是水溶性和挥发性物质的典型，这恰恰与雨雾淋溶和挥发是化感物质的主要释放方式相吻合。

1. 酚萜类化感物质

酚类化感物质是指分子结构中至少含有1个轻基直接连接到苯环上的芳基化合物，主要包括苯酚类、轻基苯甲酸和肉桂酸衍生物。黄酮类、醌类和单宁5大类。水溶性是化感物质能在自然条件下显示化感效应的重要因素，但并不是水溶性的酚类物质都具有化感效应，过高的水溶性反而不能在自然条件下显示化感效应，尤其在良好的灌溉农业生态系统。只有那些有一定水溶性且具有较高生物活性的酚类分子才能表现出优良的化感效应，酚类物质不仅构成植物化学物质的一大类，而且也是一类主要的化感物质，至今证明的酚类化感物质数量比所有其他类型化感物质的总量还要多，而且酚类化感物质的水溶性和成盐性，使得它们很容易在自然条件下被雨雾淋溶和土壤吸收。

萜类是第2大类化感物质，广泛存在于高等植物的叶和皮细胞中。萜类是自然界存在的具有通式的碳氢化合物及其含氧饱和程度不等衍生物的总称，其分子结构的碳架可看作是异戊二烯的聚合体。单萜和倍半萜多具有挥发性，它们不仅具有昆虫的引诱、忌避和传递信息等效应，而且也能杀菌和抑制临近植物。灌木显示的化感效应主要是由于挥发性的单萜和倍半萜引起的。华南地区重要杂草胜红蓟能向环境释放单萜和倍半萜类化感物质从而导致了化感效应（孔垂华等，2001）。其他少数植物如菊科植物能生物合成多炔类次生物质，它们对防御动物的取食具有重要意义，一些研究也发现多炔类次生物质具有化感潜力。

2. 化感物质间的相互作用

任何植物都不只合成一种化感物质，植物化感作用是众多化感物质共同作用的结果。一方面，植物生成的化感物质不论多少，都存在着高活性和低活性或无活性的差异。另一方面，在自然状态下多种来源的化感物质间的共同作用形成了有序但却十分复杂的相互作用。化感物质间存在协同、加合、拮抗的作用。化感物质间协同作用的机制有以下4个方面：①抑制了受体对化感物质的解毒机制；②改变了非活性化感物质的结构，激活了其活性；③增强了化感物质穿透能力、运输能力以更易接近其受体结构；④同时影响2个或2个以上植物生物合成的过程。

3. 胁迫下化感物质的变化及物质的释放途径

植物化感物质的产生和释放是植物在环境胁迫的选择压力下形成的。植物化感作用是植物在进化过程中产生的一种对环境的适应性机制（孔垂华等，2000）。植物在胁迫条件下，化感物质产生量与释放量增加，植物释放的酚类和其他一些化感物质，在环境胁迫时化感作用明显增强，这种增强作用对产生化感物质的植物而言是有利的；对受化感作用植物影响的受体植物而言则是雪上加霜，这提高了化感作用植物在资源胁迫时的竞争能力，是具有化感作用植物往往具有较强侵占能力的重要原因。

植物化感物质必须是那些能够通过有效途径释放到环境中的次生物质，这是化感物质区别于植物与昆虫、植物与其他动物之间相互化学作用物质的唯一特征。雨雾淋溶等自然水分因子能够从活体植物的茎、叶、枝、干等器官表面将化感物质淋溶出来，对于水溶性的化感物质是很容易被淋溶到环境中的，一些油溶性的化感物质虽然在水中的溶解度很小，但在一些其他物质的共溶情况下，也可以被雨雾淋溶到环境中。植物组织的死亡和损伤可以加速化感物质的淋溶。植物体中含有许多对其他有机体的毒素，这些植物毒素在其活体中往往很难被淋溶出来，当植株死亡后，这些植物毒素特别是亲水性的毒素，可以迅速地被淋溶出。

4. 自然挥发根系分泌和残根的分解

许多植物都可以向环境释放挥发性物质，尤其是在干旱和半干旱地区的植物。许多挥发物质能够抑制或促进临近植物的生长发育。Muller 等 (1964) 通过对南加州海岸灌木释放的挥发物质的研究，从而揭示了挥发性化感物质在化感作用中的价值。在澳大利亚，桉树释放挥发性萜类物质的化感功能进行了深入的研究（Willis，1999）。许多化感物质是可以同时通过雨雾淋溶和自然挥发两种途径进入环境的。对一些植物而言，这两种途径是可以相互转化和共同发生的。当干旱、高温条件出现时，挥发途径是化感物质释放的主要方式，但当多降水、高湿度情况出现时，淋溶成为化感物质释放的主要方式。

根分泌是指那些健康完整的活体植物根系由根组织向土壤中释放化学物质。一般而言，新根和未木质化的根是分泌化学物质的主要场所。温带谷类植物每天根部分泌的化学物质都在每克根干重的 50~150mg 范围内（Chang 和 Zhang，1986）。谷类作物的化感作用主要是通过根分泌的途径进入土壤的，用 XAD——树脂采集根分泌物的技术，可以采集黑麦不同品种通过根分泌的轻基肪酸。谷类作物通过根分泌轻基肪酸的量与环境和自身的生长阶段有关，环境胁迫和成熟的作物能从根部分泌较多的轻基肪酸（Nimeeyer 和 Peerz，1995）。根部除了能直接分泌化感物质外，另一个释放化感物质的途径是植物残根在土壤中分解而释放化感物质。死亡和损坏的植物根组织能被土壤中的水分淋溶或经土壤微生物或其他物理化学因子的作用而产生和释放化感物质到土壤环境中。

5. 植株的分（降）解及种子萌发和花粉传播

植物残株能释放化感物质已被普遍研究证实，许多作物，如水稻、小米、玉米、向日葵等的残株都能产生大量的化感物质影响自身或其他作物及杂草的生长发育。植物通过残株分（降）解途径放的化感物质是复杂的。通常可以认为有以下几类：①直接从植物残株释放出活性化感物质；②从残株释放的非活性化感物质经微生物作用而转化成活性物质；③微生物自身产生的活性化感物质；④植物残株释放的物质与土壤中原有化学物质相互作用而生成的活性化感物质。

当种子开始萌发时，许多次生物质将进入环境土壤中，这些次生物质对种子临近的土壤微生物或其他植物种子必将产生影响（Komai 等，1989）。种子萌发过程中释放的化感物质能够在微环境中维持一定的浓度，大多数植物的种子从母体植物中成熟会脱落在母体植物的周围，植物产生的大量种子不仅能增加自身萌发和产生幼苗的机会，也可以通过释放化感物质而对微生物和其他植物显示化感作用，而保证自身的萌发生长和空间资源。这些种子扩散的范围在一定程度上可以认为是植物显示化感作用的范围。传统认为花粉仅仅是为了完成植物的生殖，但现代研究发现，一些植物，如 Phelumpp-eretnse 在授粉期间可以产生大量的花粉，花粉中含有大量的化感物质，这些化感物质可以有效地抑制临近竞争植物的萌发、生长和发育（Muhy，1999）。许多杂草如 Pahrtneuimede 的花根能扩散到作物的叶斑孔表面释放化感物质，抑制作物果实的发育。同样，一些作物的花粉也能扩散而影响临近杂草和作物的生长发育。玉米是一个产生大量花粉的作物，玉米花粉的化感作用已有较多的研究，在许多玉米主产区，研究者发现（Jneez 等，1983），玉米对一些伴生杂草，如三叶鬼针草、Cassaiaj Palenssi 和 Rumxecr Psias 等有显著的化感抑制效应。

第二节 植物化感作用的机理

1. 影响植物的光合作用及物质代谢和酶活性

化感物质对植物体光合作用的影响主要表现为叶绿素含量和光合速率降低。Helj 等在研究胡桃醌的化感作用机理时发现，该物质可显著降低叶片的叶绿素含量和净光合速率，并可刺激线粒体吸氧量增加。在研究胡桃醌对玉米和大豆生理特性的影响时发现该物质在浓度大于 10mol/L，时，便可显著降低两作物光合速率，其主要原因是降低了被处理植株的蒸腾速率和气孔传导能力。该研究同时表明，在茎和根的相对生长率、净光合速率、气孔导性、叶片和根的呼吸速率中，净光合速率受化感物质的影响最大。

Merlo 等研究了腐殖质对玉米叶片新陈代谢的影响，结果发现用100mol/L 的土壤腐殖质浸提液处理玉米叶片，14d 后叶片内的淀粉浓度降低，但可溶性糖的浓度明显增大，叶片中淀粉酶的活性随淀粉浓度的降低而增加（Merlo 等，1991）。研究表明，用桉树叶片的水提液处理珍珠小米种子，种子的呼吸速率和过氧化氢酶、α—淀粉酶的活性下降，但过氧化物酶活性增强；其幼苗内叶绿素、蛋白质、碳水化合物和核酸的浓度随预处理化感物质浓度的增加而降低（Pahdy 等，2000）。毛莫科作物对小麦发芽具有明显的化感作用，结果使淀粉的运转受阻，DNA、RNA 和蛋白质的合成受到抑制（Bnasal，1997）。李扬瑞等（1993）分别用 0.05%的异丁酸、丁酸和异戊酸以及这 3 种物质的混合物处理葛苗种子，结果表明这几种酸在抑制发芽和幼苗生长的同时，ADP 酶、多酚氧化酶活性也受到抑制，而过氧化物酶活性大大提高。

2. 影响呼吸代谢及细胞的分裂增殖

用胡桃醌处理玉米和大豆幼苗时，其根和叶片的呼吸速率显著下降，与对照相比，在胡桃醌浓度为 1mol/L 时，玉米和大豆叶片的呼吸速率分别降低50%和 47%，根系呼吸速率分别下降 27%和 52%（Shbui 等，1995）。其他文献中（Hejl 等，1993；Poeppe，1972）也曾报到过相似的研究结果。化感物质影响呼吸作用主要原因是影响了氧气的吸收，如玉米花粉粒的水溶性浸提液可抑制西瓜生长，使其呼吸和细胞分裂受阻，进一步用西瓜下胚轴作受体研究发现，将苹果酸和琥珀酸作为酶作用物时，玉米花粉浸提液可阻碍电子传导、降低氧消耗量，其特殊抑制点可能位于细胞色素之前（Cuzretal，1988）；从鼠尾草的一个种 asvliaelucPohyll 中分离的挥发性单萜是线粒体吸收的强烈抑制剂，抑制的部位是 Kerb 环中琥珀酸后的一步，还抑制氧化磷酸化作用（李扬瑞，1993）。许多醌类、黄酮类和酚酸类物质对线粒体的功能有干扰作用。

化感物质对细胞的分裂增殖具有明显的干扰作用。高粱根系分泌物中的化感物质可使大豆根系处于分裂前、中、后期的细胞数目明显减少，而用秋水仙素处理高粱根系分泌物作用过的大豆根系则会发现，秋水仙素的浓度与处于分裂中期的细胞数目呈显著的反比例关系，说明高粱根系分泌物是有丝分裂的抑制剂。此外，用酚酸、香草酸、p—香豆酸、咖啡酸和丁香酸对菜豆主根和次生根的生长都具有抑制作用，而用一定浓度的酚酸处理后，可显著抑制根系细胞的分裂。

3. 影响细胞及细胞器膜的完整性和渗透性

用苯甲酸和肉桂酸分别处理蚕豆根系，12h 后根系细胞间的巯基数目下降。导致脂类物质的过氧化反应，其原因是原生质膜中产生的自由基对过氧化氢酶和过氧化物酶具有抑制作用，并使得巯基耗竭，破坏膜的完整性，降低了对养分的吸收功能（Bazimarkanega 等，1995）。据报道，在嫌气、低pH 值和30℃的条件下，用水杨酸处理能使酵母的 K^+外渗损失，但停止处理后，酵母的功能可得到恢复（李扬瑞，1993）。Booker（1992）、Gatts（1999）也分别报道过化感物质破坏原生质体膜、细胞膜和叶绿体膜的研究结果，表明化感物质对细胞器膜的完整性和渗透性都有干扰和影响。另据张宝探等研究，斑唇马先篙的根分泌物对青稞具有毒害作用，其原因是前者根分泌物可破坏后者根的细胞壁，使其细胞膜透性增加，细胞内含物大量外溢，造成根系生长缓慢或死亡（张宝深等，1999）。

4. 影响根系生长和矿质营养的吸收利用

有关化感物质抑制根系生长的报道很多，从其机制来看，大多学者认为，化感物质是通过抑制细胞分裂和扰乱正常的新陈代谢而阻碍了根系生长。据报道，栗子叶片的水溶性浸提液中的大分子物质显著抑制大麦根系的生长，并使根尖细胞呈无规则状，茎中的 Ca^{2+}、Mg^{2+} 浓度下降（B－er，1990）。酚酸、香豆酸、p—香豆酸、肉桂酸显著抑制大豆主根和次生根的生长，影响根系吸收大量元素 Ca、K、Mg、Na 和微量元素 Cu、Mn、Zn（Uvahgna，1991）。酚酸可抑制黄瓜对土壤离子的吸收，特别使 NO_3^- 的吸收受阻，并可加速 K^+从根系中的流失（Booker，1992）。在有关化感物质与根系吸收养分相关性的研究中，酚酸是最常见的参试化感物，这种物质对磷、钾两种养分的吸收均存在抑制作用（Mcluer，1975）。

5. 影响蛋白质合成和基因表达

化感物质是通过抑制氨基酸运输以及蛋白质的合成而影响植物生长的。Baz-kanega（1997）在研究大豆根对磷酸盐和甲硫氨酸吸收时指出，苯甲酸、肉桂酸、香草酸以及阿魏酸降低了大豆根对 32P 和甲硫氨酸的吸收，而香豆酸和对羟基苯甲酸增加了对 32ZP 和甲硫氨酸的吸收。所有的酚酸类物质都降低了 32P 向 DNA 和 RNA 的整合，除香豆酸和香草酸外，其他酚酸类物质对甲硫氨酸向蛋白质整合起抑制作用。这表明，酚酸类物质对核酸以及蛋白质合成的影响是其影响植物生长的机制之一。

第十一章

狼毒对豆科牧草替代防控技术

狼毒为瑞香科狼毒属植物，是我国草地重要的有毒植物，广泛分布于我国干旱草原、沙质草原和典型草原的退化草地上。在重度退化的草原上，狼毒已成为主要的建群种或优势种。草地的过度放牧是造成草地退化的主要原因，在以狼毒为优势种的退化草地上，狼毒的侵占性和竞争性也是草地退化的一个重要因素。

化感物质主要是通过茎叶淋溶、根系分泌、地上挥发和植物残体分解4种方式释放。将狼毒的根、茎叶粉碎物混入土壤中，这种方式类似于狼毒植株残体在土壤里自然腐解，使得研究的结果更接近自然中的实际情况。因此，可以说明植株残体分解是狼毒释放化感物质的一种途径。对同一受试植物而言，狼毒根对其抑制作用强于茎叶，可说明狼毒对他种植物的抑制作用主要是由狼毒根系分泌出的化感物质起作用，所以根系分泌也是狼毒释放化感物质的一种方式。将狼毒根和茎叶粉碎后拌入土壤中腐解，目的是通过这种处理方式尽可能的模拟或还原出狼毒在自然状态下释放化感物质影响他种植物的这一过程。随着狼毒根量的增加，狼毒对新麦草的化感抑制作用逐渐增大，狼毒茎叶量为低用量时，其对新麦草的化感作用表现为促进，当狼毒茎叶量为高用量时，其对新麦草表现出抑制作用，狼毒根和茎叶对新麦草的化感综合效益指数SE值最大分别为34.8%和17.0%，还不到35%，在自然状态下，狼毒一般都达不到试验的最大用量（5g/盆），因此可判断在自然状态下狼毒并不会严重的抑制新麦草的生长。

狼毒在土壤里腐解的过程中对红豆草具有生化他感作用，其作用的大小是随着狼毒用量的大小表现出一定的规律性，即随着狼毒量的增加，对红豆草生长的抑制作用加大。狼毒根和狼毒茎叶在土壤里腐解的过程中对红豆草生长抑制作用程度不同，狼毒根对红豆草生长的抑制作用大于狼毒茎叶。狼毒根高用量下对红豆草生长的抑制作用的时间可持续（本研究为75d）数月，狼毒根量在4.0g/盆以下时，红豆草可以恢复生长。

通过培养皿滤纸法、盆栽法、梯级装置和根箱法四种试验方法，分别测试了狼毒水浸提液、狼毒残体腐解、狼毒根分泌液及狼毒根际土壤萃取液对苜蓿的化感作用影响，证明狼毒可通过水淋溶、残体腐解和根分泌的3种途径释放化感物质；狼毒对苜蓿、红豆草、小冠花和草木樨4种豆科牧草的化感抑制作用强度强于对扁穗冰草、蒙古冰草、披碱草、新麦草、无芒雀麦、多年生黑麦草6种禾本科牧草；狼毒根和茎叶对各受体植物的化感作用强度不同。对于苜蓿、红豆草、小冠花和草木樨4种豆科牧而言，狼毒根的化感抑制作用非常显著，并且随狼毒根量的增加化感抑制作用增强；狼毒茎叶对其化感抑制作用相对较弱，但是当狼毒茎叶量增加到较大时，也会明显抑制4种豆科牧草的生长。

第一节　利用生物测定的方法

分别测定了狼毒水浸提液、狼毒残体腐解、狼毒根分泌液以及狼毒根际土壤萃取液对受体植物苜蓿的化感作用，明确了狼毒释放化感物质的途径。通过室内进行狼毒对几种受体植物化感作用强度的测定，弄清了不同植物对狼毒的化感作用强度表现出不同的状态，并选择出了其中对狼毒化感作用最具有耐抗性的2种植物。通过狼毒根在土壤里腐解过程中不同时间内对苜蓿生长影响的试验，探明了狼毒化感作用强度的变化规律。

通过培养皿滤纸法、盆栽法、梯级装置和根箱法4种试验方法，分别测试了狼毒水浸提液、狼毒残体腐解、狼毒根分泌液及狼毒根际土壤萃取液对苜蓿的化感作用影响，证明狼毒可通过水淋溶、残体腐解和根分泌的3种途径释放化感物质；狼毒对苜蓿、红豆草、小冠花和草木樨4种豆科牧草的化感抑制作用强度强于对扁穗冰草、蒙古冰草、披碱草、新麦草、无芒雀麦、多年生黑麦草六种禾本科牧草；狼毒根和茎叶对各受体植物的化感作用强度不同。对于苜蓿、红豆草、小冠花和草木樨4种豆科牧草而言，狼毒根的化感抑制作用非常显著，并且随狼毒根量的增加化感抑制作用增强；狼毒茎叶对其化感抑制作用相对较弱，但是当狼毒茎叶量增加到较大时，也会明显抑制4种豆科牧草的生长。

将狼毒鲜体（花期）的根与茎叶分别粉碎。按1：5的重量加入蒸馏水，在振荡机上（温度：30℃，振荡时间：8h）进行浸提→过滤→离心，得到上清液（0.20gDW/mL 的水浸液），灭菌后（液体紫外灯灭菌 20min）用于做发芽试验。

分别将经挑选（籽粒饱满，大小均匀）的受体植物苜蓿种子用配成0.01%新洁尔灭进行消毒后，均匀摆放到铺有2层定性滤纸的培养皿中，每皿20粒。按照0.2gDW/mL、0.1gDW/mL、0.05gDW/mL、0.025gDW/mL、0.012 5gDW/mL浓度梯度加入5mL狼毒根、狼毒茎叶的水浸液。每组处理四次重复，以5mL蒸馏水做对照。光照强度150μmol/（m^2·s），每天光照10h；温度控制范围：25~30℃，在培养期间，视情况补加相应处理的液体量。观测方法：苜蓿发芽15d后，以CK为参照，根据各处理的苜蓿幼根生长状态进行定性和定量描述。

1. 盆栽法

将狼毒根、狼毒茎叶分别粉碎过40目筛。将狼毒根粉和狼毒茎叶粉按照5g/盆、4g/盆、3g/盆、2g/盆、1g/盆的设计用量分别装入培养盆中，与土壤混合均匀，以小盆内不含狼毒粉碎物（0g）为对照，共6个处理。在每盆中播入经挑选大小一致的苜蓿种子20粒。在幼苗生长期间，每盆浇水量基本保持一致。将培养盆放入控制温度为20~25℃的人工气候箱内，光照强度150μmol/（m^2·s），光照12h/d。待苜蓿出苗后，每盆定苗5株。在苜蓿幼苗生长到75d时，分别进行测定，叶面积测定：测定每组处理的幼苗单株的叶片面积。

2. 根箱法

将生长一致的狼毒分别栽植在根箱里，在生长期间保持每天光照10h，待生长到60d时，分别取狼毒根际不同深度土层（0~5cm、5~10cm、10~15cm、15~20cm）的土壤100g，加入200mL蒸馏水，在振荡机上振荡4h后，过滤、离心，得到上清液，灭菌后测定其对苜蓿发芽后幼根生长的影响。以无狼毒的土壤萃取液作为对照。

第二节　受体植物对狼毒化感作用耐抗性评价

根据调查测定的受体植物幼苗的各项指标（株高、干重、叶面积、叶绿素相对含量）计算各自的对照抑制百分率值。

对照抑制百分率（%）=（1-处理/对照）×100

然后再计算出狼毒对每一种受体植物的化感综合效应指数（SE）。SE为同一处理下受体植物的株高、干重、叶面积、叶绿素含量的对照抑制百分率的算术平均值。通过这 2 个指标综合评价狼毒对各受体植物的化感作用强度及受体植物对狼毒化感作用的耐抗性。

第三节　狼毒根对受体植物的化感作用强度变化规律

以狼毒根作为研究对象，选择对狼毒化感作用敏感的植物苜蓿作为受体。

狼毒根腐解时间分别设计为：0d、15d、30d、45d、60d、75d、90d、105d、120d、150d。将狼毒根风干后粉碎为 40 目，按照设计用量 1g/盆、2g/盆、3g/盆、4g/盆、5g/盆掺入到土壤中，4 次重复；以不加狼毒根的土壤作为对照。将培养盆置入培养室中，每天 10h 光照，光照强度为 1.6 万 lx，温度控制在 20~25℃，正常供给水分。每次按照设计的不同腐解时间取样。将所取得的样品按照比例（1∶2）加入蒸馏水，在振荡机上摇动 4h 后，离心，得到上清液，用紫外灯灭菌后，进行发芽试验，发芽结束后，测定苜蓿幼根长度、幼芽细胞离子外渗液的电导率，并进行化感敏感指数 RI 值分析狼毒根水浸液对苜蓿幼根的生长具有明显的抑制作用（表 11-1）。其抑制作用随着浸提液的浓度加大抑制作用增大，二者呈现显著的负相关，相关系数 $r=-0.9895$（$P<0.01$），$Y=3.6537-0.2296X$，其中，Y 为苜蓿幼根长度（cm），X 为狼毒根水浸液浓度（%：W/V）。从测定中发现，当狼毒根水浸液浓度达到 0.05gDW/mL 时，对苜蓿根的生长产生了明显的抑制作用（$P<0.05$）。当浓度在 0.05~0.1gDW/mL 之间时，苜蓿根表现为生长停止；当浓度达到 1gDW/mL 以上时，苜蓿根尖呈黑褐色，无根毛，根冠畸形。狼毒茎叶水浸液在 0.125~0.25gDW/mL 浓度之间，对苜蓿的幼根生长无显著地抑制作用（$P>0.05$），但狼毒茎叶水浸液的浓度达到 0.05gDW/mL 以上时，其抑制作用显著（$P<0.01$）。从表 11-2 可以看出，狼毒根、狼毒茎叶的水浸液对苜蓿发芽时根生长有不同的影响，狼毒根的抑制作用大于狼毒茎叶，其抑制作用增加了 21.01%，二者之间的差异达到了极显著水平（$P<0.01$）。

表 11-1　对苜蓿种子发芽时幼根生长影响

材料名称	水浸液浓度	苜蓿幼根长度均值	抑制率（%）	备注
狼毒根水浸液	CK（0.0）	3.540±0.036 5	0.00	当水浸液浓度达到4%～8%时，苜蓿根生长停止；16%时，苜蓿种子吸胀后腐烂
	0.125	3.125±0.244 2	11.72	
	0.25	3.095±0.402 7	12.57	
	0.05	2.885** ±0.404 5	18.50	
	0.1	1.765** ±0.309 2	50.14	
	0.2	0.000** ±0.000 0	100.00	
狼毒茎叶水浸液	CK（0.0）	3.935±0.423 5	0.00	同上
	0.125	3.550±0.395 6	9.78	
	0.25	3.655±0.221 9	7.12	
	0.05	3.873±0.258 5	1.58	
	0.1	3.230** ±0.227 9	17.92	
	0.2	0.000** ±0.000 0	100.00	

表 11-2　狼毒根水浸液和狼毒茎叶水浸液对苜蓿根生长影响比较

材料名称	四次重复根长度均值（cm）±SE	抑制作用增加（%）
狼毒茎叶水浸液	3.040 4±1.438 1	-
狼毒根水浸液	2.401 7** ±1.255 8	21.01

第四节　狼毒对苜蓿幼苗生长的影响

用盆栽法测定了狼毒根、茎叶粉碎物在土壤里腐解过程中对受体植物苜蓿幼苗的化感作用。狼毒根、茎叶在土壤里腐解过程中对苜蓿幼苗植株高度的作用结果见表 11-3。研究结果表明，狼毒在土壤里腐解过程中，当狼毒根量达到 3g/盆以上时，与对照比较，可明显抑制苜蓿幼苗生长高度（$P<0.05$）；当用量达到 4g/盆以上时，对苜蓿幼苗生长高度可产生严重的抑制效果（$P<0.01$）。狼毒根在腐解过程中对苜蓿生长高度的抑制作用表现出一定的规律性，即随着狼毒根用量的加大，其抑制作用增强，二者呈极显著的负相关。

与对照比较，当狼毒茎叶用量在 1～4g/盆时，对苜蓿幼苗的生长高度的抑制作用不显著（$P>0.05$）；只有达到 5g/盆时，才会明显抑制苜蓿幼苗的生长（$P<0.05$）。

表 11-3　狼毒根、茎叶在土壤里腐解过程中对苜蓿幼苗植株生长作用结果

材料名称	用量（g/盆）	苜蓿株高平均值（cm）	抑制率（%）
狼毒根	0.0（CK）	10.98	0.00
	1.0	10.72	2.37
	2.0	10.64	3.10
	3.0	8.63*	21.40
	4.0	6.86**	37.52
	5.0	5.50**	49.91
狼毒茎叶	0.0（CK）	10.66	0.00
	1.0	10.51	1.41
	2.0	9.07	14.92
	3.0	8.45	20.73
	4.0	8.12	23.00
	5.0	7.67*	28.05

1. 狼毒对苜蓿幼苗生物量积累的影响

在苜蓿生长到75d时，分别测定了苜蓿的茎叶的干重。测定和分析结果见表11-4。狼毒根不同用量对苜蓿地上部生物量的积累具有抑制作用，表现出随着狼毒根量的增加，其抑制作用效果增强，二者呈明显的负相关（r =-0.906 8，$P<0.05$），关系式：$Y=0.3772-0.0479X$。与对照比较，当土壤中狼毒根量达到4g/盆以上时，就可严重抑制苜蓿地上部生物量的增加（$P<0.01$）。狼毒茎叶在土壤里腐解过程中，在设计用量范围内对苜蓿地上部生物量积累的抑制作用不显著（$P>0.05$）。

表 11-4　狼毒残体在土壤里腐解过程中对苜蓿茎叶干重的影响

材料名称	用（g/盆）	苜蓿茎干重	抑制率（%）
狼毒根	0.0（CK）	0.344 0	0.00
	1.0	0.342 0	0.58
	2.0	0.288 7	16.08
	3.0	0.304 4	11.51
	4.0	0.138 5**	59.74
	5.0	0.128 0**	62.79
狼毒茎叶	0.0（CK）	0.289 1	0.00
	1.0	0.260 9	9.75
	2.0	0.173 5	39.99
	3.0	0.174 5	39.64
	4.0	0.188 2	34.90
	5.0	0.223 3	22.76

2. 狼毒对苜蓿幼苗叶面积的影响

苜蓿出苗生长至75d时，我们测定了每组处理的苜蓿的叶面积。测定结果见表11-5。与对照比较，当土壤中狼毒根量在3.0g/盆以下时，对苜蓿幼苗叶面积无显著的影响；当狼毒根量增大到4.0g/盆以上后，对苜蓿叶面积的抑制作用达到显著水平（$P<0.01$）。狼毒茎叶在土壤里腐解过程中对苜蓿幼苗叶面积的影响不显著（$P>0.05$）。狼毒在土壤里腐解的过程中，对苜蓿生长的作用影响的研究结果表明，狼毒具有化感作用，其作用的大小是随着狼毒用量的增减表现出一定的规律性，即随着狼毒量的增加，对苜蓿生长的抑制作用加大。狼毒根和狼毒茎叶在土壤里腐解的过程中对苜蓿生长抑制作用程度不同，狼毒根对苜蓿生长的抑制作用大于狼毒茎叶。

表11-5　狼毒在土壤里腐解过程中对苜蓿叶面积的影响

材料名称	用（g/盆）	苜蓿平均叶面积（mm^2/株）	抑制率（%）
狼毒根	0.0（CK）	4 501.5	0.00
	2.0	3 965.5	11.91
	3.0	3 591.3	20.22
	1.0	2 818.3	37.39
	4.0	1 980.8**	56.00
	5.0	1 358.5**	69.82
狼毒茎叶	0.0（CK）	3 875.3	0.00
	1.0	2 822.8	27.16
	4.0	2 804.8	27.62
	2.0	2 371. 0	38.82
	3.0	2 308.0	40.44
	5.0	2 115.3	45.42

表11-6　狼毒根分泌液对苜蓿的作用效果

处理	苜蓿幼根		苜蓿细胞质膜差别透性	
	幼根长度（cm）	抑制率（%）	电导率（μΩ/g）	增加（%）
CK	3.30	0.00	483.687 5	0.00
狼毒根分泌液	1.91*	42.12	847.987 6**	42.96

从表11-6可以看出：与对照比较，狼毒根分泌液对苜蓿根生长的作用

效果差异显著（$P<0.05$），对苜蓿根生长的抑制率达到了42.12%；狼毒根分泌液对苜蓿幼苗的细胞质膜差别透性具有明显的伤害作用（$P<0.01$）。本实验的测定结果说明：根分泌是狼毒释放化感作用物质的途径之一。

3. 狼毒对苜蓿幼根生长的影响

狼毒根际土壤的萃取液对苜蓿种子发芽时幼根生长具有抑制作用（$P<0.01$）。初步分析为狼毒栽植在培养盆中，狼毒根分泌液积存在花盆内，因此出现了随着土壤层的加深，栽植狼毒的土壤水萃取液内化感物质增多，导致对苜蓿幼根生长抑制作用加强。狼毒释放化感物质的途径是水淋溶，植株残体腐解以及跟分泌3种形式。用根箱法测定狼毒根际土壤是否具有对受体植物生长的抑制作用，测定结果见表11-7。

表11-7　狼毒根际土壤萃取液对苜蓿幼根生长的影响

处理	土壤层深度（cm）	苜蓿幼根长度（cm）	差异显著性		抑制率（%）
			0.05	0.01	
无狼毒	0~20	4.18	a	A	0.00
狼毒	0~5	3.20	b	B	23.44
	5~10	3.05	bc	BC	27.03
	10~15	2.79	c	C	33.25
	15~20	2.44	c	C	41.63

第五节　狼毒对草木樨幼苗生长的影响

狼毒根和茎叶粉碎物对草木樨幼苗生长都有一定影响，并随狼毒量的增加，抑制作用增强（表11-8）。当狼毒根量在3g/盆时，与对照比较草木樨的株高和干重都明显受到抑制（$P<0.05$）；狼毒根量≥4g/盆时，抑制作用达到极显著水平（$P<0.01$）。当狼毒茎叶量≥3g/盆时，与对照比较，草木樨的株高和干重都受到了极显著的抑制（$P<0.01$）。狼毒茎叶对草木樨株高和干重的抑制作用小于根对草木樨的影响。狼毒对草木樨幼苗叶面积大小有一定影响，且随狼毒量的增加，草木樨幼苗叶面积有逐渐减小趋势（表11-8），狼毒根量≥4g/盆时，与对照比较抑制作用显著（$P<0.01$）。狼毒茎叶量≥3g/盆时，与对照比较达到显著水平（$P<0.05$）；茎叶量为5g/盆时，与对照比较达到极显著水平（$P<0.01$）。狼毒根粉碎物对草木樨幼苗叶绿素含量影响显著，随狼毒根量的增加，叶绿素含量逐渐减少，狼毒

根量≥3g/盆时，与对照比较达到显著水平（$P<0.05$）；狼毒根量≥4g/盆时，与对照比较达到极显著水平（$P<0.01$）。狼毒茎叶粉碎物对草木樨叶绿素含量影响也很明显，茎叶量≥2g/盆时，对草木樨叶绿素含量有显著抑制作用（$P<0.05$）。

表 11-8　狼毒根茎叶粉碎物对草木樨幼苗生长

	狼毒量（g/盆）	株高（cm）	干重（g/盆）	叶面积（mm^2）	叶绿素含量
狼毒根	0	8. 45aA	0. 284 2aA	227 7aA	42. 9aA
	1	7. 85abA	0. 223 6abAB	222 7aA	38. 3aAB
	2	7. 8abA	0. 225 3abAB	184 8aAB	37. 1aAB
	3	7. 04bAB	0. 164 5bBC	165 9aABC	26. 8bBC
	4	5. 79cBC	0. 088 2cC	822bBC	21. 1bcC
	5	4. 77cC	0. 064 9Cc	671bC	17. 0cC
狼毒茎叶	0	8. 45aA	0. 336 4aA	281 5aAB	42. 9aA
	1	8. 21aA	0. 211 7bBC	2 924aA	36. 8abAB
	2	7. 83aA	0. 275 7abAB	3 005aA	32. 5bcAB
	3	5. 99bB	0. 117 1cC	1 803bBC	25. 8cB
	4	5. 74bB	0. 135 2cC	1 776bBC	26. 0cB
	5	5. 76bB	0. 109 1cC	1 573bC	31. 4bcAB

注：同列不同小写字母表示差异显著（$P<0.05$），不同大写字母表示差异极显著（$P<0.01$），下同

第六节　狼毒对红豆草幼苗生长的影响

由表 11-9 可见，狼毒根在土壤里腐解过程中对红豆草生长高度的抑制作用表现出一定的规律性，即随着狼毒根用量的加大，其抑制作用增强，二者呈极显著的负相关，相关系数 $r=-0.9237$（$P<0.01$），其关系式为：$Y=11.9114-1.1426X$，其中，Y 为红豆草株高（cm），X 为狼毒根量（g）。与对照比较，当狼毒根量达到 4g/盆以上时，可抑制红豆草幼苗生长高度（$P<0.05$），但其抑制作用未达到极显著水平。与对照比较，狼毒茎叶用量 1~5g/盆时，红豆草的植株生长高度并未受到明显的抑制（$P>0.05$）；狼毒茎叶对红豆草幼苗的生长高度的抑制作用小于狼毒根，各用量对红豆草植株高度的抑制率均小于狼毒根的抑制率。狼毒根不同用量对红豆草地上部生物量的积累具有抑制作用，表现出随着狼毒根量的增加，其抑制作用效果增强，二者呈明显的负相关关系（$r=-0.8635$，$P<$

0.05)，关系式：$Y=0.4848-0.0532X$。与对照比较，当土壤中狼毒根量达到5g/盆以上时，可严重抑制红豆草地上部生物量的增加（$P<0.01$），其抑制率达到56.18%。狼毒茎叶在土壤里腐解过程中，在1～5g/盆的用量范围内，对红豆草地上部生物量积累的抑制作用不显著（$P>0.05$）。

与对照比较，当土壤中狼毒根量在4.0g/盆以下时，对红豆草幼苗叶面积无显著的抑制作用，但是当狼毒根量增大到5.0g/盆后，对红豆草叶面积的抑制作用达到极显著水平（$P<0.01$），对叶面积的抑制率达到56.29%。与对照比较，狼毒茎叶在土壤里腐解过程中对红豆草幼苗叶面积的影响不显著（$P>0.05$）。狼毒对红豆草叶绿素含量的影响表现出随狼毒根量的增加，叶绿素含量减少的规律，并且当狼毒根量超过1g/盆时，与对照相比达到显著水平（$P<0.05$），当狼毒根量为5g/盆时，与对照相比达到极显著水平（$P<0.01$）。而狼毒茎叶对红豆草叶绿素的含量影响不大，各处理与对照比较均不显著（$P>0.05$）。

表11-9　狼毒对红豆草幼苗生长的影响

	狼毒量（g/盆）	株高（cm）	干重（g/盆）	叶面积（mm^2）	叶绿素含量
狼毒根	0	13.71aA	0.403 9abAB	3 146abA	45.0aA
	1	13.42abA	0.515 6aA	3 864aA	30.5bB
	2	12.60abcA	0.399 8abAB	3 156abA	24.7bcB
	3	11.40abcA	0.312 3bBC	2 403bcAB	25.9bcB
	4	10.97bcA	0.302 3bBC	2 218bcAB	23.4bcB
	5	10.31cA	0.177 0cC	1 375cB	21.9cB
狼毒茎叶	0	13.63aA	0.460 3aA	2 468abcA	30.7aA
	1	13.46aA	0.450 6aA	3 363aA	25.1aA
	2	13.48aA	0.462 6aA	3 285abA	27.1aA
	3	12.98aA	0.336 6aA	1 775cA	25.4aA
	4	12.83aA	0.371 3aA	2 240abcA	27.2aA
	5	14.03aA	0.371 7aA	2 094bcA	24.8aA

第七节　狼毒对小冠花幼苗生长的影响

由表11-10可见，狼毒根含量在≥2g/盆时，与对照差异达到极显著水平（$P<0.01$）；狼毒茎叶在1～2g/盆时，对小冠花的株高有一定的促进作用，但未达到显著水平（$P>0.05$），狼毒茎叶含量在5g/盆时，与对照差异达到显著水平（$P<0.05$）。

表 11-10 狼毒粉碎物在土壤里腐解过程中对小冠花幼苗生长的影响

	狼毒量(g/盆)	株高(cm)	干重(g/盆)	叶面积(mm^2)	叶绿素含量
狼毒根	0	10.65aA	0.537 1aA	8 562aA	30.9aA
	1	9.41abAB	0.370 7abAB	5 361bAB	27.8abAB
	2	7.71bcBC	0.264 4bcAB	3 769bB	28.9aAB
	3	6.43cC	0.236 0bcB	3 800bB	30.3aAB
	4	7.06cBC	0.278 8bcAB	3 731bB	31.15aA
	5	5.86cC	0.153 9cB	2 382bB	23.65bB
狼毒茎叶	0	11.80abAB	0.532 1abcAB	6 861aA	29.6aA
	1	11.91abAB	0.591 6abAB	6 675aA	28.7aA
	2	13.38aA	0.723 0aA	7 909aA	28.45aA
	3	10.95bcAB	0.495 7bcAB	8 389aA	25.7aA
	4	10.13bcB	0.453 8bcAB	6 197aA	29.7aA
	5	9.45cB	0.376 8cB	7 241aA	24.55aA

由表中还可见随着狼毒根量的增加，小冠花幼苗干重逐渐减小，当狼毒根量≥2g/盆时，与对照差异达到显著水平（$P<0.05$），狼毒根量为5g/盆时，与对照差异达到极显著水平（$P<0.01$）；狼毒茎叶含量在1~2g/盆时，对小冠花干重有一定的促进作用，但与对照比较未达到显著水平（$P>0.05$），其余处理对小冠花幼苗干重无明显抑制作用（$P>0.05$）。

狼毒根对小冠花叶面积的抑制作用也很明显，与对照相比，各处理都达到了显著水平（$P<0.05$），而狼毒茎叶各处理下对小冠花叶面积影响没有一定规律性，无明显抑制作用。

与对照相比，狼毒根量达到5g/盆时，与对照差异达到极显著水平（$P<0.01$）；狼毒茎叶各处理与对照差异不显著（$P>0.05$），对小冠花叶绿素无抑制作用。

第八节　狼毒对苜蓿幼根生长的化感作用

狼毒根在土壤里不同腐解时间内，对苜蓿幼根的生长的作用不同，在0~90d，RI<0，且随着狼毒根量的增加，其绝对值增大，说明在此期间，狼毒根的化感作用的强度在增加；当狼毒根在土壤里腐解到105d时，虽然RI<0，但与对照比较，已无明显差异（$P>0.05$）且其绝对值相对较小，说明狼毒化感作用强度在明显下降。当狼毒根腐解时间达到120d以后，RI>0，其RI的绝对值间差异不显著（$P>0.05$），说明狼毒根在土壤里腐解过程中化感作用消失。

第九节　狼毒根量在不同的腐解时间内对苜蓿幼根生长的影响

在狼毒根腐解时间为0~90d，随着狼毒根量的增加，对苜蓿幼根生长的抑制作用呈现增大的趋势；当狼毒根腐解至105d以后，狼毒根量之间对苜蓿幼根生长的影响差异不显著（$P>0.05$），抑制作用均消失。

采用植物抗逆性测定的方法——植物受体细胞质膜差别透性的电导率变化，测定狼毒根在土壤里腐解过程中化感作用强度的变化规律。采用对狼毒敏感的植物苜蓿作为受体植物。

狼毒根在腐解过程的不同时间对受体苜蓿幼苗的细胞质膜具有不同的伤害作用。在狼毒根腐解的0~75d，随着狼毒根腐解时间的增加，苜蓿的细胞离子外渗液的电导率增加，作用效果达到极显著水平（$P<0.01$），当狼毒根腐解时间达到90d以后，与对照比较，苜蓿的细胞离子外渗液的电导率减小（$P>0.05$），对细胞质膜的伤害作用逐渐减小，直至伤害作用消失。

在狼毒根腐解过程中，供体狼毒根量的变化为：狼毒根腐解0~30d时，狼毒根量在2~5g/盆，均可造成对苜蓿细胞质膜的显著伤害（$P<0.05$）；在腐解45d时，狼毒根量3~5g/盆之间可对苜蓿细胞质膜产生极显著伤害作用（$P<0.01$）；当狼毒根腐解到60~75d时，只有4~5g/盆的狼毒根量对苜蓿有伤害作用；狼毒根腐解到90d以后，对苜蓿幼苗的细胞质膜的伤害作用基本消失（$P>0.05$）。

狼毒化感作用强度最大时是发生在腐解过程中的0~90d，在残体腐解90d以后，狼毒的化感作用基本消失，失去了对敏感植物的伤害作用。这一结论对在狼毒侵占的草地恢复植被技术中具有战略性的意义。这个规律的发现，对指导草地植被建植技术中对敏感植物的草种组合和敏感植物的播种时期具有重要的理论上的指导意义。

第十二章

狼毒对禾本科牧草替代防控技术

植物的化感作用是一个活体植物通过向环境中释放其生产的某些化学物质，从而影响周围植物的生长发育，这种作用表现为抑制和促进两个方面。化感效应大小与化感物质的数量、种类密切相关，就化感效应与化感物质数量（或浓度）间的相关性而言，产生化感效应必须使化感物质达到某一界限数量（或浓度），低于这一界限植物体不受损害，且部分化感物质会产生促进植物生长的效应。

自然界中，化感效应往往产生于多种化感物质的共同作用，这些物质间多存在加合协同作用，即每种化感物质的数量（或浓度）远在其独立作用的界限数量（或浓度）之下时可与其他物质产生功能上的加合协同，使其在较低的数量下就可产生强烈的化感效应。例如，草木樨释放的化感物质与狼毒释放的化感物质产生了加合协同作用，而多年生黑麦草释放的化感物质却没有和狼毒的化感物质加合协同。

对于披碱草、新麦草、无芒雀麦、多年生黑麦草 4 种禾本科牧草而言，狼毒根的化感作用强，整体上表现为抑制，并随狼毒根量的增加，抑制作用增强；而狼毒茎叶对披碱草、无芒雀麦、多年生黑麦草的化感作用完全表现为促进，对新麦草的化感作用表现为低促高抑；通过对化感综合效应指数 SE 值的分析，供试的受体植物中扁穗冰草、无芒雀麦对狼毒化感作用的耐抗性最强，在人工建植恢复狼毒侵占严重的草地时，可将该两种牧草作为选择草种；狼毒在土壤里腐解过程中，0～75d 时对受体植物苜蓿的化感作用强度最大，75～90d 时化感作用强度逐渐减弱，90～150d 狼毒化感作用消失。

第一节　狼毒对蒙古冰草和扁穗冰草幼苗生长的影响

从表 12-1 中可以看出，狼毒根在各用量下，与对照相比对蒙古冰草的株高、幼苗干重、叶面积及叶绿素含量均无显著抑制作用（$P>0.05$），而在狼毒根量≥2g/盆时，对蒙古冰草的干重有显著的抑制作用（$P<0.05$），当根量≥4g/盆时则达到极显著水平（$P<0.01$）。

而狼毒茎叶对蒙古冰草的试验结果却比较复杂，除了对蒙古冰草叶面积表现出无明显抑制作用外（$P>0.05$），在其他各处理下的数据均没有显示出一定的规律性，例如，狼毒茎叶量在 4g/盆时，与对照相比对蒙古冰草的株高抑制作用达到显著水平（$P<0.05$），而 5g/盆时与对照比较却不显著（$P>0.05$）。同样的，在狼毒茎叶量为最高用量 5g/盆时，对蒙古冰草的干重和叶绿素含量与对照相比均不显著（$P>0.05$），但是狼毒茎叶在中间用量下（2～4g/盆时），与对照比较却达到了显著水平（$P<0.05$）或极显著水平（$P<0.01$）。因此，该结果很难做出判断。

表 12-1　狼毒粉碎物在土壤里腐解过程中对蒙古冰草幼苗生长的影响

	狼毒量（g/盆）	株高（cm）	干重（g/盆）	叶面积（mm^2）	叶绿素含量
狼毒根	0	29.78aA	0.194 2aA	3 452aA	33.4aA
	1	29.98aA	0.182 9aAB	3 445aA	31.4aA
	2	26.22aA	0.112 3bABC	2 488aA	30.3aA
	3	25.95aA	0.122 5bABC	2 793aA	34.7aA
	4	26.93aA	0.098 3bC	2 591aA	32.2aA
	5	25.99aA	0.066 7bC	2 001aA	30.0aA
狼毒茎叶	0	29.21abAB	0.194 3bAB	2 810aA	38.3aA
	1	33.11aA	0.267 4aA	4 333aA	26.4cC
	2	30.26aAB	0.180 9bBC	3 219aA	28.3cBC
	3	30.40aAB	0.203 3bAB	3 368aA	30.6bcBC
	4	25.50bB	0.111 1cC	3 368aA	33.9abAB
	5	32.68aA	0.214 6abAB	3 685aA	37.5aA

表 12-2 狼毒对扁穗冰草幼苗生长的影响

	狼毒量（g/盆）	株高（cm）	干重（g/盆）	叶面积（mm^2）	叶绿素含量
狼毒根	0	19. 36cC	0. 288 7dB	2 691[a]	38. 6 aA
	1	21. 36bcBC	0. 383 5abcAB	3 345[a]	42. 8 aA
	2	23. 28abAB	0. 405 1abAB	3 452[a]	47. 9aA
	3	24. 87aA	0. 434 3aAB	2 783[a]	46. 7aA
	4	24. 59aA	0. 340 5bcdAB	2 688[a]	46. 0aA
	5	22. 29bABC	0. 299 7cdB	2 101[a]	44. 5aA
狼毒茎叶	0	14. 16aA	0. 281 4aA	2 050aA	40. 4aA
	1	15. 52aA	0. 236 7aA	1 852aA	38. 0aA
	2	14. 19aA	0. 240 1aA	2 266aA	39. 3aA
	3	14. 16aA	0. 230 2aA	2 134aA	38. 0aA
	4	14. 21aA	0. 176 6aA	1 714aA	34. 6aA
	5	13. 53aA	0. 202 8aA	1 808aA	36. 4aA

第二节 狼毒对披碱草幼苗生长的影响

狼毒根在各用量下与对照相比对披碱草的株高和叶绿素含量均无显著的抑制作用（$P>0.05$）；在狼毒根量≥2g/盆时，与对照比较，披碱草的干重受到显著抑制（$P<0.05$），狼毒根量≥4g/盆时，抑制达到极显著水平（$P<0.01$）；狼毒根量在5g/盆时，与对照相比，披碱草的叶面积受到显著抑制（$P<0.05$）。而狼毒茎叶对披碱草的各个生长指标表现出明显的促进作用，狼毒茎叶量≥2g/盆时，对披碱草的株高和叶面积有显著的促进作用（$P<0.05$），茎叶量≥4g/盆时，与对照相比达到了极显著水平（$P<0.01$）；狼毒茎叶量≥3g/盆时，对披碱草的干重有显著的促进作用（$P<0.05$）；狼毒茎叶量为1g/盆时，对披碱草叶绿素含量有极显著的促进作用（$P<0.01$），茎叶其余用量下对叶绿素含量也有一定的促进作用，但与对照比较未达到显著水平（$P>0.05$）。

表 12-3　狼毒粉碎物在土壤里腐解过程中对披碱草幼苗生长的影响

	狼毒量（g/盆）	株高（cm）	干重（g/盆）	叶面积（mm^2）	叶绿素含量
狼毒根	0	38. 31aA	0. 453 4aA	3 744aA	33. 0aA
	1	38. 59aA	0. 453 3aA	3 686aA	31. 4aA
	2	38. 64aA	0. 350 1bcAB	3 460aAB	32. 4aA
	3	38. 40aA	0. 381 7abAB	3 141aAB	33. 4aA
	4	39. 46aA	0. 279 0cB	2 813abAB	34. 3aA
	5	35. 87aA	0. 137 5dC	2 062bB	33. 3aA
狼毒茎叶	0	31. 19cB	0. 276 9cD	2 097cB	28. 5bB
	1	31. 97bcAB	0. 293 3cCD	2 735bcAB	33. 4aA
	2	35. 16abAB	0. 350 8bcBCD	3 183abAB	30. 5abAB
	3	35. 10abAB	0. 392 6bABC	3 414abAB	29. 8bAB
	4	36. 49aA	0. 424 8abAB	3 605abA	30. 1abAB
	5	36. 10aA	0. 490 0aA	3 969aA	28. 8bAB

第三节　狼毒对新麦草幼苗生长的影响

由表 12-4 可见，随着狼毒根量的增加，新麦草的叶面积逐渐减小，但与对照相比较差异不显著（$P>0.05$）；狼毒茎叶量为 1~4g/盆时，对新麦草叶面积有一定的促进作用，狼毒茎叶量为 5g/盆时，新麦草叶面积小于对照，但是与对照相比，促进和抑制作用均不显著（$P>0.05$）。随着狼毒根量的增加，新麦草叶绿素含量逐渐减少，并且狼毒根量≥2g/盆时与对照相比达到显著水平（$P<0.05$）；当狼毒根量≥4g/盆时，与对照相比差异极显著（$P<0.01$）。狼毒茎叶粉碎物对新麦草叶绿素含量影响也很明显，当狼毒茎叶量为 1g/盆时，叶绿素含量与对照相比表现出显著的促进作用（$P<0.05$）；当狼毒茎叶量≥4g/盆时，叶绿素含量与对照相比表现出明显的抑制作用（$P<0.05$）。

表 12-4　狼毒对新麦草幼苗生长的影响

	狼毒量(g/盆)	株高(cm)	干重(g/盆)	叶面积(mm^2)	叶绿素含量
狼毒根	0	19. 41aA	0. 318 3aAB	1 791aA	38. 9aA
	1	19. 22aA	0. 362 5aA	1 383aA	34. 1abAB
	2	18. 68aA	0. 233 3abABC	1 308aA	29. 6bAB
	3	19. 58aA	0. 230 3abABC	1 225aA	29. 2bAB
	4	16. 61aA	0. 161 8bBC	1 267aA	28. 15bB
	5	18. 12aA	0. 108 5bC	921aA	27. 9bB
狼毒茎叶	0	22. 02aA	0. 312 1abAB	1 717aA	43. 5bABC
	1	21. 31aA	0. 358 6abAB	2 307aA	51. 2aA
	2	19. 49aA	0. 428 2aA	1 778aA	45. 3abAB
	3	21. 23aA	0. 279 5bAB	1 920aA	39. 6bcBC
	4	19. 82aA	0. 242 3bB	1 808aA	34. 2cC
	5	19. 08aA	0. 223 5bB	1 583aA	35. 5cBC

第四节　狼毒对无芒雀麦幼苗生长的影响

由表 12-5 可看出，当狼毒根量为 1~2g/盆时，对无芒雀麦株高有一定的促进作用，但与对照相比差异并不显著（$P>0.05$），当狼毒根量≥4g/盆时，无芒雀麦株高与对照相比，受到了显著的抑制作用（$P<0.05$），而狼毒茎叶在各处理下，对无芒雀麦株高的影响都不显著。随着狼毒根量的增加，无芒雀麦幼苗干重随之明显的减小，并且当狼毒根量≥1g/盆时就表现出明显的抑制作用（$P<0.01$），而狼毒茎叶对无芒雀麦幼苗干重的影响也都不显著（$P>0.05$）。

表 12-5　狼毒对无芒雀麦幼苗生长的影响

	狼毒量(g/盆)	株高(cm)	干重(g/盆)	叶面积(mm^2)	叶绿素含量
狼毒根	0	4. 82abAB	0. 612 2aA	2 659aA	34. 5aA
	1	25. 20abAB	0. 524 8bB	3 051aA	32. 8abA
	2	27. 51aA	0. 498 8bcBC	2 930aA	31. 8abA
	3	23. 81bcBC	0. 444 5cdBC	3 303aA	35. 4aA
	4	20. 89dC	0. 431 8dC	3 680aA	33. 6abA
	5	21. 86cdBC	0. 501 2bcBC	2 783aA	30. 1bA

（续表）

	狼毒量（g/盆）	株高（cm）	干重（g/盆）	叶面积（mm^2）	叶绿素含量
狼毒茎叶	0	24.08aA	0.601 2abcAB	3 605bA	34.6aA
	1	26.30aA	0.645 4abA	4 226abA	34.7aA
	2	25.97aA	0.582 8bcAB	4 854abA	33.3aA
	3	25.31aA	0.605 7abAB	4 358abA	35.2aA
	4	26.59aA	0.647 7aA	4 650abA	33.7aA
	5	25.03aA	0.541 2cB	5 101aA	37.7aA

狼毒粉碎物对无芒雀麦叶面积和叶绿素含量的影响。

狼毒根在各处理下，对无芒雀麦叶面积的影响并不显著（$P>0.05$），而狼毒茎叶在各处理下对无芒雀麦的叶面积均表现出一定的促进作用，并且当其用量为5g/盆时，促进作用达到显著水平（$P<0.05$）；狼毒对无芒雀麦叶绿素含量的影响恰好与其对叶面积的影响相反，当狼毒根量为5g/盆时，无芒雀麦的叶绿素含量与对照相比，受到明显的抑制作用（$P<0.05$），而狼毒茎叶在各处理下对无芒雀麦叶绿素含量也无显著影响（$P>0.05$）。

第五节　狼毒对多年生黑麦草幼苗生长的影响

由表12-6可见，随着狼毒根量的增加，多年生黑麦草幼苗株高和干重均有所下降，当狼毒根量在5g/盆时，与对照比较，对其生长高度的抑制作用显著（$P<0.05$）。多年生黑麦草幼苗的干重随着狼毒根量的增加呈下降趋势，当狼毒根量在≥2g/盆时，可严重抑制多年生黑麦草幼苗的干重（$P<0.01$）。狼毒茎叶粉碎物在土壤里腐解过程中对多年生黑麦草幼苗生长有明显的促进作用。

随着狼毒根量的增加，对多年生黑麦草幼苗叶面积抑制作用不明显（$P>0.05$）。狼毒根量≥3g/盆时，叶绿素含量受到显著抑制（$P<0.05$），根量为5g/盆时，与对照比较达到极显著水平（$P<0.01$）。随着狼毒茎叶量的增加，多年生黑麦草叶面积和叶绿素含量都有不同程度的增加，其中茎叶量在3g/盆和4g/盆时，与对照比较，对叶绿素含量均表现出显著的促进作用（$P<0.05$）。

表 12-6　狼毒对多年生黑麦草幼苗生长的影响

	狼毒量（g/盆）	株高（cm）	干重（g/盆）	叶面积（mm^2）	叶绿素含量
狼毒根	0	36.08aA	0.559 9aA	6 923aA	34.9aA
	1	35.35abA	0.499 1aAB	6 411aA	38.3aAB
	2	32.97abA	0.416 7bBC	6 149aA	34.0abAB
	3	33.62abA	0.354 7bcC	4 800aA	30.3bcBC
	4	32.9abA	0.305 5cC	4 432aA	28.9cdBC
	5	32.55bA	0.324 9cC	4 171aA	25.7dC
狼毒茎叶	0	34.93cB	0.559 9bB	6 923abA	32.8bA
	1	35.14cB	0.680 0aA	5 827bA	33.7bA
	2	35.87bcB	0.628 0abAB	7 112abA	36.6abA
	3	37.38bcB	0.648 5aAB	8 979aA	39.1aA
	4	38.85bB	0.647 4aAB	8 260abA	38.6aA
	5	43.91aA	0.628 6abAB	7 788abA	35.0abA

第六节　狼毒对受体植物化感作用影响

根据狼毒根际土壤对苜蓿幼根生长影响的结果，该试验只取对受体植物影响大的狼毒根际10~20cm土层的土壤，进行研究分析。由表12-7可见，狼毒根际10~20cm土层萃取液对红豆草、无芒雀麦及新麦草幼根生长均有极显著的抑制作用（$P<0.01$），抑制率分别为46.15%、52.58%和72.67%；对多年生黑麦草及草木樨表现为显著抑制水平（$P<0.05$），抑制率分别为38.02%和21.89%。

表 12-7　狼毒受体植物幼根生长的影响

植物	CK（无狼毒）（cm）	狼毒根际土壤萃取液（cm）	抑制率（%）
扁穗冰草	0.87aA	0.97aA	-11.49
红豆草	2.99aA	1.61bB	46.15
披碱草	2.79aA	2.11aA	24.37
无芒雀麦	3.29aA	1.56bB	52.58
新麦草	1.72aA	0.47Bb	72.67
多年生黑麦草	2.84aA	1.76bA	38.02
草木樨	3.06aA	2.39bA	21.89
小冠花	1.05aA	0.66aA	37.14
蒙古冰草	2.20aA	1.94aA	11.81

第七节　植物对狼毒化感作用耐抗性评价分析

随着狼毒量（根和茎叶）的增加，受体植物红豆草、小冠花和草木樨的化感综合效应指数SE值有逐渐增大的趋势，各生长指标有逐渐降低的趋势，说明这3种植物受狼毒的化感作用影响较大。

受体植物新麦草、多年生黑麦草、披碱草和无芒雀麦随狼毒根量的增加，其SE值有逐渐增大的趋势，最大SE值分别为34.8%、29.5%、30.02%和9.5%；而狼毒茎叶对这4种受体植物的化感综合效应指数SE值都为负值，说明狼毒茎叶对其生长并不是抑制，而是促进；对无芒雀麦而言，狼毒对其最大的SE值为9.5%，说明其受狼毒的化感抑制作用影响并不是很大，可判断其对狼毒有一定的耐抗性；狼毒根对扁穗冰草的化感综合效应指数都为负值，说明对其有促进作用；而狼毒茎叶对其SE值均为正值，说明表现为抑制，但从各个生长指标看，抑制效果均不显著。综合分析可判断其对狼毒也具有耐抗性。

第八节　狼毒对受体植物的化感作用强度变化规律

狼毒根在土壤里腐解过程中，在不同的腐解时间和狼毒根不同用量下，对苜蓿幼根生长的抑制作用程度不同。狼毒根在土壤里腐解时间对苜蓿幼根生长的作用：狼毒根在土壤里腐解0~75d，对苜蓿幼根生长的抑制作用效果最明显（$P<0.01$），在90~105d之间，抑制作用减弱（$P<0.05$）；当狼毒根腐解到105d以后，对苜蓿幼根生长的抑制作用已经不显著（$P>0.05$）。

狼毒根对多年生黑麦草幼苗的化感作用表现为抑制，狼毒茎叶对多年生黑麦草幼苗的化感作用表现为促进。这可说明狼毒根中的化感物质达到了对多年生黑麦草起化感效应的界限数量，而狼毒茎叶中的化感物质低于这个界限。该试验的另一结果是狼毒根、茎叶粉碎物对草木樨幼苗的化感作用随狼毒量的增加而增强，表现为明显的抑制。并且在各种处理下狼毒对草木樨的抑制率明显都大于对多年生黑麦草的抑制率，说明在同等条件下，草木樨更易受狼毒化感作用的影响。出现这一结果的原因可能是由于多年生黑麦草的耐抗性比草木樨强，更可能是化感物质的加合协同作用的结果。

第十三章

草地有毒有害草综合防控技术

草原毒草灾害的威胁不断增加，防治毒草灾害任重道远。为适应我国西部大开发和经济发展与生态安全、食物安全的需要，大力开展毒草危害的生态控制，解决我国生态环境治理，牧区草场生态失调，进一步促进西部经济和农林牧业的可持续发展十分必要，也是生态毒理学面临的严峻挑战，务必及早引起重视，尽快开展研究。

有毒植物的分布与草原的利用程度有很大的关系。在过度放牧利用的退化草原上，有毒植物的数量都会急剧增加。在人畜集中的饮水点、生产点及居民点附近，常有大量的有毒植物滋生，如天仙子、龙葵、曼陀罗等。有毒植物群落的形成以及毒草种群的数量和产量还与草原退化的轻重程度有关。在退化严重的草原区域，有毒植物在常常形成群聚，如狼毒、乳浆大戟、针茅芒刺、小花棘豆、变异黄芪、披针叶黄花、牛心朴等有毒植物常成为退化草原上的优势种或建群种。

第一节　乳浆大戟防控技术

全草有毒，有毒成分为二萜、三萜酯类化合物，生物碱，香豆素，血球凝聚素等。危害各种动物。其新鲜植物的白色乳汁样物质对皮肤和消化道黏膜有强烈刺激作用，牛、马等牲畜春季误食后易引起中毒，表现腹痛、腹泻、呕吐、出血性下痢等症状，严重者脱水导致死亡。人皮肤接触可致发红，甚至发炎溃烂。

它是世界上广泛分布的一种有毒有害恶性杂草，其根系发达，生命力极强，毫无放牧饲用价值。它不仅占据草场面积，消耗草地水分和养分，竞争取代其他优良牧草，使草场退化，而且本身有毒，牲畜误食造成中毒死亡，它的蔓延和危害给草原畜牧业造成很大的损失。据报道美国的蒙大拿、科罗拉多等5个州大面积草场上，都有乳浆大戟滋生蔓延为害成灾，由此使这些州的畜牧业每年损失上亿美元。如每平方米草场有一株乳浆大戟（或乳浆大戟占牧草种群的20%~30%），该草场就会因牲畜的忌避而荒废。

在我国北方草地的部分区域，乳浆大戟覆盖面积甚至超过牧草，给草地畜牧业造成不良影响，使草地生态条件恶化，生产力下降。内蒙古境内6 800万 hm^2的天然草地上不同程度地生长着乳浆大戟，其中以呼和浩特市武川县、鄂尔多斯市、伊金霍洛旗、乌审旗、阿拉善盟、阿拉善左旗等地分布较为广泛。有资料显示，在美国如乳浆大戟密度为3株/m^2时（或乳浆大戟占牧草种群20%~30%），该草场就会因牲畜的忌避而荒废。在上述地区乳浆大戟的密度可达1.2株/m^2。

防控技术如下。

（1）加强草地管理。在家畜处于极度饥饿的状态下，避免在上述有毒植物分布的草地放牧，是防止牲畜饥饿采食而引起中毒的重要措施。

在大戟属有毒植物分布面积不是很大的天然草地，可适当采取人工或机械的方法进行清除，清除后及时补播优良牧草，以恢复草地植被。

（2）化学防控。在大戟属有毒植物的优势分布区，可选择灭除效果确实的除草剂进行化学防控。如新疆塔城地区草原工作站用72%的2,4-D丁酯乳油剂，适宜剂量为0.75L/hm^2，最佳喷药时间为大戟抽茎期，防控效率可达96.23%，能够有效地灭除大戟。灭除后及时补播优良牧草，以恢复草地植被。

（3）中毒救治。如发现牲畜已发生中毒，应立即根据遗留毒物等及中毒程度，进行抢救。首先应阻止或减缓毒物的吸收，其次尽快除去未吸收的毒物或使其转变成为惰性的代谢物质以减少毒物的进一步吸收，一般应采取以下措施：①清洗，如果有毒植物接触皮肤表面和黏膜，可用水充分冲洗。②洗胃，用1：4 000的高锰酸钾，或用0.2%~0.5%鞣酸溶液，也可用炭末混悬液（1 000mL水中，炭末两汤匙），用热盐水（1 000mL水中，加入食盐一汤匙）洗胃。③导泻，可投服硫酸镁、硫酸钠、鱼石脂等泻药，使已进入肠道的毒物尽可能迅速地排出，以减少在肠内的吸收。④对症治疗，用吗啡、阿托品、黄连素等治疗胃痛，呼吸、血液循环衰竭时可给尼可刹米或山梗菜碱、洋地黄制剂等，并结合肌内注射安钠咖强心。

第二节　加拿大蓟防控技术

为多年生杂草，我国俗称丝路蓟、刺儿菜等。国外主要分布于欧洲、西亚和北美各地，在我国主要分布于内蒙古、甘肃、新疆、宁夏、西藏等地。加拿大蓟主要靠种子和地下根传播蔓延，严重危害农田牧场，使农作物减产、草地退化，对生态系统的破坏十分严重，体现在：①草群稀疏低矮，草产量下降；②草品质变坏，草群中优质牧草减少，杂草和毒草增加；③草场退化、沙化，草原生态环境恶化。

该草靠种子和地下根传播蔓延，速度极快，严重危害农田牧场。在美国蒙大拿州，加拿大蓟密度为 3 株/m^2时使小麦减产达 15%，在加拿大其密度达 30 株/m^2可使小麦减产 60%，并严重影响苜蓿的生长。该草在我国内蒙古、甘肃、新疆、宁夏等省（区）已侵入农田、菜地和牧场，给当地的农牧业造成了严重危害，近年来其分布有逐渐扩大的趋势。根据作者调查，在内蒙古地区加拿大蓟的平均密度为 1.5 株/m^2，并且其分布仍有逐渐扩大的趋势。

加拿大蓟在我国，尤其是西部地区分布广泛，由于其适应性强，生命力顽强，近年来有逐渐扩大蔓延的趋势。利用化学防治、人工或机械防除，效果均不甚理想。因此，应用天敌绿叶甲、欧洲方喙象对其进行防控有广阔的应用前景，建立持久的自然生物制约因子，以阻止加拿大蓟的扩散蔓延。

欧洲方喙象成幼虫均喜欢取食加拿大蓟植株顶部较幼嫩部分，待幼嫩部分取食殆尽则向加拿大蓟中部转移为害，使其由上至中部叶片被取食光。由此可见，加拿大蓟幼苗期是较为有利的控制时期，这期间植株进行营养生长，叶片鲜嫩生物积累量少，象甲喜食。

通过对欧洲方喙象幼虫取食量、体重、排粪量等指标的测定，发现其对加拿大蓟的利用能力较强。田间控制效果试验结果表明，虫口密度为 6 头/株时控制效果最佳。这表明并非放虫密度越大其控制效果越好，在放虫时应注意到密度制约效应，释放的象甲种群密度不能过高，否则会导致高密度下幼虫间产生“干扰效应”，影响个体间取食，使取食速率和取食量均下降，延缓个体发育，导致幼虫在一定空间内因种群密度过高而死亡或迁移。因此，在评价天敌昆虫的控制作用时，考虑要达到较好的控制效果，应根据天敌的生物学、生态学特性及被控制对象的营养性状综合评价天敌控制的有效性。

国外经验和我国多年来对加拿大蓟的防治研究表明，防治加拿大蓟应采取以生物防治为主，化学防除为辅的综合防治措施。近年来，我们在内蒙古各地进行加拿大蓟天敌昆虫的调查，采集到了大量加拿大蓟天敌昆虫，发现欧洲方喙象是严重影响加拿大蓟生长发育的天敌昆虫之一，有希望成为控制加拿大蓟的新的生防作用物。象甲幼虫和成虫均取食植株叶片，造成叶片大面积缺刻，严重者只留叶脉，甚至吃掉心叶部分。由于食量较大，再加上粪便污染，植株受害后发黄、萎蔫。由于该虫是集中发生，整株叶片被取食后导致地上部分干枯死亡。欧洲方喙象种群生长的主要制约因子是食物，了解其对食物的要求和利用转化能力，有利于在进行控制效果研究时确定合适的释放数量。据此，我们对欧洲方喙象幼虫的营养生态学特性及其对加拿大蓟的控制效果进行了研究。

第三节　狼毒防控技术

全株有毒，根部毒性最大，花粉剧毒。

有毒成分：异狼毒素、狼毒素、新狼毒素、甲基狼毒素等黄酮类化合物，主要毒性成分为异狼毒素。也有资料认为，主要毒性成分是毒性蛋白。瑞香狼毒根、茎、叶中分泌的白色乳汁样物质，动物接触能引起过敏性皮炎。

它是我国退化草原上危害较为严重的毒草之一。在东北、华北、西北、西南的草甸草原和典型草原以及荒漠草原、高寒草原都有分布。正常情况下狼毒在群落中以偶见种或伴生种存在，在放牧过度的退化草原、山坡、沙质草原经常会成为优势种或退化草原的建群种。狼毒具有极强的竞争力和抗逆性，并且对其他植物具有很强的克生现象，其他植物在其周边很难正常生长发育。在轻度退化的草原上只要出现狼毒，3~5 年后便很容易在群落中成为优势植物，内蒙古的许多退化草原上，狼毒已成为景观植物，在科尔沁草原和锡林郭勒草原的退化草原上集中连片分布，内蒙古阿鲁科尔沁旗已形成狼毒为优势的群落约 4 万 hm^2；赤峰市有近 10 万 hm^2 的草原因生长着大量的狼毒而失去放牧利用价值。青海海北藏族自治州狼毒集中分布区面积达 8.01 万 hm^2。危害动物牛、羊。由于成株茎叶中含有萜类成分，味劣，家畜一般不采食其鲜草，然而早春放牧时，家畜由于贪青或处于饥饿状态，常因误食刚刚返青的狼毒幼苗中毒，主要症状为呕吐、腹痛、腹泻、四肢无力、卧地不起、全身痉挛、头向后弯、心悸亢进、粪便带血，严重时虚脱或惊厥死亡，母畜可导致流产。人接触时可引起过敏性皮炎，根粉、花粉对人眼、鼻、喉均有较强烈而持久的辛辣性刺激。

防控技术如下。

（1）加强草地管理。在早春返青和开花期间，禁止在瑞香狼毒分布草场放牧。也可通过建立合理的草地放牧利用体系，控制和规定合理的草地载畜量，采取分区轮牧，转场放牧等措施，减轻草地践踏程度，防止草地退化，抑制瑞香狼毒的滋生蔓延。

（2）物理防控。在瑞香狼毒零星分布的天然草地，可适当地采取人工或机械的方法清除，清除后应及时补播优良牧草，以恢复草地植被。

（3）化学防控。在瑞香狼毒大面积优势分布区，为了减少瑞香狼毒对草地畜牧业的危害，可采取除草剂进行化学防控。目前，认为较为理想的除草剂主要有2,4-D丁酯、草甘膦、灭狼毒、迈士通等。灭除后应及时补播优良牧草，以恢复草地植被。

（4）中毒救治。家畜中毒时首先给予催吐药、洗胃、泻下药等措施排除体内毒物；用吗啡或阿托品、黄连素等治疗腹痛，呼吸、循环衰竭时可给予呼吸兴奋药和强心药。

第四节　针茅芒刺防控技术

分布于我国内蒙古、山西、河北、宁夏、甘肃、青海和西藏等省区。它是中国北方草原上最重要的植物之一，是天然草地上多种群落的主要建群种，其分布面积广、数量大是北方草原畜牧业所依赖的主要饲用植物之一。针茅是良好的饲用植物，其产草量高，牲畜喜食，饲用价值高是很好的优良牧草。内蒙古各类草地面积7 880万hm^2，其中以针茅为主的草地达2 618.4万hm^2，占33.23%。但在针茅属植物发育期中，颖果具有坚硬芒刺，这些芒刺混缠在小畜（主要是绵羊）皮毛中，常常刺伤绵羊的皮肤、口腔、黏膜及蹄叉，也可侵入绵羊机体内导致家畜发病以至死亡，成为发展现代化草地畜牧业的巨大限制因素。其对畜产品的危害主要是对绵羊皮的危害，成熟针茅植物种子基盘上的芒刺可以附着在羊毛上，并逐渐内移穿透羊皮，在羊皮上造成洞眼，使皮张质量下降。调查发现，一般一张羊皮上被针茅芒刺刺破的孔达120~150处，使羊皮降档降价，造成严重经济损失。广大农牧民及皮革等企业多年来一直呼吁要对针茅植物进行彻底的防除，以便提高畜产品的档次，这是在畜牧业生产中急需解决的大事之一。针茅属植物在抽穗前和落果以后皆为优良牧草，但颖果成熟后具有尖锐的基盘，黏在羊身上会降低皮毛品质，或易刺伤羊口腔黏膜和腹下皮肤造成危害。针茅属植物在内蒙古有 12 种，其中有 8 种是优势种，大针茅、贝加尔针茅、克氏针茅占针茅草地 68. 2%。占我区总草地面积的 22. 7%，而大针茅是亚洲中部草原亚区特有的蒙古草原种，是多年生、旱生、密丛型禾草。以大针茅为建群种或优势种的大针茅草原，是欧亚草原区中部区特有的一种丛生禾草草原，以大针茅为建群种组成的草原群落，是我国典型草原的代表群系，是最标准、最稳定和最具代表性的一个群系。大针茅是良好的饲用植物，各种牲畜都喜食，基生叶丰富并能较完整地保存至冬春，可为牲畜提供大量有价值的饲草。它又是我区草甸草原，典型草原和干旱草原的主要建群种，占针茅草原群落总盖度的 30%~60%，其产草量高、饲用价值高是很好的优良牧草。大针茅群落在内蒙古草地所占的面积为最大，这一地区不仅是内蒙古中、东部地区重要的放牧场，又是京津地区的主要绿色屏障，具有不可忽视的生态和经济意义。

在内蒙古高原地区，大针茅 5 月下旬至 6 月初开始返青，8 月末 9 月初果实陆续成熟，9 月下旬开始枯黄，在漫长的冬季枯死的茎秆能很好的残留亭立，露出雪被之外，成为冬季放牧场的主要饲用植物之一。大针茅草原的群落的总盖度一般变动在 30%~60%，生产力尚高，$1hm^2$ 产青草 2 200~4 500kg（折合干草 750~1 500kg）。克氏针茅也是亚洲中部草原亚区特有的草原类型，是典型草原的代表群系，但比大针茅草原的分布中心更靠西、靠南，直接与荒漠草原亚带相连；克氏针茅草原生产力中等，$1hm^2$ 产鲜草 1 500~4 000kg（折合干草 600~1 600kg），克氏针茅草原也是各类家畜的良好放牧场，本群系分布面积最大的是克氏针茅+糙稳子草草原，趋于湿润时出现克氏针茅+大针茅草原。虽然针茅的营养价值低于羊草草原，但在欧亚草原占有最大的面积；所以，千百年来，针茅草原，尤其是大针茅草原养育了各种温带野生动物、家畜，主要是马、牛、羊和骆驼以及其他动物，形成特殊的草原生态系统，对人类做出了巨大的贡献。

当今发达国家人民生活所消费的动物性蛋白质中约有 1/2 以上来自天然草地，面对我国农田逐年减少，人口逐年增长的巨大压力，和人民对生活水平改善的迫切要求，内蒙古作为我国畜牧业重要基地之一，必须把草地畜牧业持续高效发展提高到重要战略地位的高度，加强对草地畜牧业重大应用技术攻关研究的资金投入，使之尽快走上现代化生产道路，大幅度提高畜牧业的产品质量，满足时代发展的需求。

由于针茅草原芒刺的危害给畜牧业生产和毛纺工业造成巨大损失，引起内蒙古自治区政府和牧区各界的高度重视，但世界和国内对此研究很少。在内蒙古政府重视下立项对针茅草原针茅颖果芒刺危害进行综合防治研究。经过几年的生物防治、给羊穿衣、耕翻、轮牧、机械刈割等多种防治措施的试验研究，均取得了较有利用价值的试验数据，并有待于今后进一步研究。经多种防治措施的比较，生物防治措施的研究较为细致，防治效果比较稳定。

控制放牧期：放牧绵羊时应避过种子成熟而未脱落的时期，或在针茅种成熟期放牧大畜，如牛、马等，然后再行放牧羊，可以免受其害。刈割利用对于植株相对较高的针茅可以采用果前刈割利用，也可采用割草机或相关技术，在针茅草原成熟期将种子打落，减少其对羊的伤害。

第五节　苦豆子防控技术

因苦豆子中含大量生物碱，致其味道极苦，适口性差，在青绿期，家畜不采食，在秋冬季缺乏青饲料时，家畜会有少量采食。苦豆子所含生物碱单体均具有急性毒性，主要作用于中枢神经系统和心血管系统。家畜中毒后表现为精神萎靡，不愿活动，体温下降，食欲废绝，结膜充血，黄染等症状。马属动物比较敏感，表现为头部左右摇摆，前冲后退，不时摆尾，有时排气但不排粪，随着病势的发展，腹围增大，呼吸更加困难，频频作排尿姿势，但排出尿液甚微。驴中毒，表现精神高度沉郁、口流涎水，吐沫，死前身体剧烈抽搐。

综合防控技术如下。

从草原生态角度来看，苦豆子具有抗旱、抗寒、繁殖力强、分布密度大、营养价值高等特点，是荒漠化草原的重要植被，也是重要的牧草资源。因此，在防治过程中要贯彻预防为主，防治与利用相结合的方针。对苦豆子生长尚未形成危害的地区，要加强测报和控制工作，定期定点测试苦豆子的分布和生长规律，及时采取有效措施，限制苦豆子生长，防止牲畜采食中毒。对已出现危害的地区，要积极采取防除苦豆子和防治中毒的措施，特别要注意把防除苦豆子与草原治理工作结合起来，变害为利，提高防除效果。根据具体的情况可采用物理、化学、放牧管理、中毒家畜治疗等防控措施。

（1）物理防控。在苦豆子零星分布的天然或人工草地，可采用人工，机械挖除苦豆子，避免被家畜采食。

（2）化学防控。可使用使它隆，2,4-D 丁酯进行防除。使用除草剂虽然防除效果较好，但大面积的反复使用不仅会造成环境污染，还会破坏草地植被，尤其在荒漠化草原使用极易造成草地沙化。

（3）放牧防控。避免在家畜处于极度饥饿的状态下在苦豆子分布的地段放牧。另外，避免将从没有苦豆子分布区域引进的牲畜赶入有苦豆子分布的地段放牧。

如发现牲畜已发生中毒，应立即根据中毒程度，进行抢救。首先应阻止或减缓毒物的进一步吸收，其次尽快除去未吸收的毒物或使其转变成无毒性的代谢物质以减少毒物的进一步吸收。民间给中毒家畜灌服醋或酸奶，可逐步缓解中毒症状。

第六节　棘豆属防控技术

（一）棘豆属（*Oxytropis*）主要有毒植物

植物为豆科多年生草本，全球约有 350 余种，分布于北温带，我国约有 150 种，分布于西北、华北、东北和西南等地。目前对草地畜牧业造成危害的棘豆属植物有 10 种，主要有小花棘豆（*Oxytropis glabra*）、甘肃棘豆（*Oxytropis kansuensis*）、黄花棘豆（*Oxytropis ochrocephala*）、冰川棘豆（*Oxytropis glacialis*）、毛瓣棘豆（*Oxytropis sericopetala*）、镰形棘豆（*Oxytropis falcate*）、急弯棘豆（*Oxytropis deflexa*）、宽苞棘豆（*Oxytropis latibracteata*）、包头棘豆（*Oxytropis glabra* Var.）、硬毛棘豆（*Oxytropis hirta*）。棘豆属有毒植物对畜牧业的危害主要表现为造成大批家畜中毒死亡、影响家畜繁殖、妨碍畜种改良和促使草场退化、破坏草地生态平衡、降低草场利用率。

（二）毒性与危害

全草有毒，有毒成分为吲哚里西啶生物碱——苦马豆素。

危害动物：各种牲畜在可食牧草缺乏时，被迫采食棘豆属有毒植物 1~2 个月后可引起以神经机能障碍为特征的慢性中毒，以马属动物最敏感，其次是山羊、绵羊、骆驼、牛和鹿，牦牛有一定的耐受性。棘豆属有毒植物所含的毒性物质苦马豆素是 α-甘露糖苷酶特异性抑制剂，能使细胞内蛋白的 N-糖基化合成、加工、转运以及富含甘露糖的寡聚糖代谢过程发生障碍，导致细胞广泛空泡变性，造成细胞功能紊乱，使家畜中枢神经系统和实质器官受到损害，同时苦马豆素损害家畜生殖细胞，引起家畜繁殖、妨碍畜种改良。

（三）综合防控技术

棘豆属有毒植物是天然草原生态群落的重要组成部分，虽然是一种备草但具有很高的营养价值和药理活性，是一种潜在的可利用资源。可因地制宜地采取物理防控、化学防控、生态防控、日粮防控、药物防控、青贮脱毒、药物开发等综合利用技术防控有毒棘豆的扩散和蔓延。

1. 物理防控

对于面积不大，密度较小的棘豆草地，在种子成熟之行挖除，同时播种竞争力强的优良牧草，这样既能达到灭除棘豆的效果，又能增加牧草的产量。此方法费工费时，但能彻底清除棘豆。但在当前草地植弱或严重沙化的草场，人工挖除可进一步促使草场沙化，现已不再采用。

2. 化学防控

因棘豆种子在草原土壤中贮存量很大，为 400~4 300 粒/m^2，当气候条件适宜时又会重新繁殖蔓延。因此，为了保证棘豆生长密度低于危害牲畜的程度，需要定期重复喷药，但这又大大增加了牧民的经济负担，同时过度使用除草剂也对生态环境造成污染。我国近十几年来在除草剂筛选、使用和推广方面收效不大，加上我国草地资源贫乏，在现有草场上为了防止草场进一步沙化、退化，保护草场植被，不再广泛使用除草剂。

3. 生态防控

将草场划分为 3 个区：即高密度区（棘豆分布强度在 100 株/m^{2}以上）、低密度区（棘豆分布强度在 10~100 株/m^2）及基本无棘豆生长区（棘豆分布强度在 10 株/m^{2}以下）。严格控制羊群在各区的放牧时间，进行轮流放牧，即在高密度区放牧 10d，或在低密度区放牧 15d，再进入基本无棘豆生长区放牧 20d，如此循环直至羊群由棘豆生长较多的夏秋草场进入基本无棘豆生长的冬春草场。建立轮牧的关键是要有足够的基本无棘豆生长区，羊群可以在此区内排除体内的毒物，恢复受损组织，因此在草原畜牧业生产中，要求根据实际情况，人工建立一定的基本无棘豆生长区，可利用化学或其他方法灭除或减少这些区域草场上生长的棘豆，也可使用网围栏工程，将这些区域围起来。

（1）药物防控。即免疫学方法和解毒药物进行棘豆中毒防治。免疫即从对家畜有毒的棘豆中提取出毒性成分，直接作为抗原或制备成抗原对家畜进行免解毒药物预防，是在牲畜采食棘豆前投服 2~3 丸疯草灵解毒缓释丸，然后再在豆生长的草场放牧，可有效预防牲畜棘豆中毒。

（2）脱毒利用。将盛花期的棘豆收割后铡成2~3cm长度，在无毒塑料袋或青贮窖中青贮2~3个月，可有效降低棘豆中主要有毒成分，作为优质牧草给家畜饲喂，有效利用其营养成分。

第七节　披针叶黄华防控技术

（一）披针叶黄华（*Thermopsis lanceolata*）

别名：牧马豆、披针叶野决明、黄花苦豆子、拉豆（藏名）、他日巴干希日（蒙古名）等。

豆科野决明属多年生草本有毒植物。主要分布于我国东北、华北和西北，蒙古国和俄罗斯地区也有分布。耐盐中旱生植物，为草甸草原和草原带的草原化草甸、盐化草甸植物，也见于荒漠草原和荒漠区的河岸盐化草甸、沙质地或石质山坡。

（二）毒性与危害

全草有毒，秋季枯萎或经霜冻后毒性减弱。

有毒成分：含黄华碱、臭豆碱、无叶豆碱、白羽扇豆碱、金雀花碱、N-甲基金雀花碱等多种喹诺里西啶类生物碱。生物碱含量随生长期而变化，茎和叶含量高于花后期，花果期种子和花叶含量高于茎，枯萎后以种子含量最高。

危害动物：新鲜时具有特殊的苦味，牲畜一般不会主动采食，但缺草时因饥饿被迫采食可引起中毒，主要表现神经系统兴奋和呼吸道刺激症状，秋季枯萎或经霜冻后毒性减弱，牲畜喜欢采食。种子混入谷物也可引起人和牲畜中毒。2001年赵宝玉报道，每天按5g/kg体重剂量给山羊饲喂披针叶黄华干草，受试山羊于第30天出现体重下降，消瘦，对外界刺激反应迟钝等早期中毒表现，第40天出现运动障碍，步态不稳，后肢弯曲等中度中毒，病理组织学变化以肝脏结缔组织增生为特征。

（三）综合防控技术

1. 加强草地管理

由于羊采食披针叶黄华的成瘾性，应防止愈后再次采食，另外注意选择放牧季节和草场类型，在中毒易发季节尽可能防止羊在披针叶黄华生长的草场上放牧，或者早晚在其他草场放牧，中午、下午在生长披针叶黄华的草场上放牧。

2. 去毒利用

披针叶黄华内含丰富的营养成分，粗蛋白质含量与苜蓿、干草等豆科类牧草相近，粗纤维含量相对要低，无氮浸出物的含量也很相近。如果能用生物或化学方法去除其有毒成分，合理利用，既可保护草地资源，在生态治理中发挥作用，又可增加动物采食牧草的选择性，解决目前严重的草畜矛盾，提高草地利用率，促进畜牧业的良性发展，具有较好的开发利用前景。

3. 中毒救治

中毒病无特效解毒药，中毒羊应隔离单独喂养，对于中毒症状明显的羊只，要让羊就地静卧休息，不急赶、拉运、拖行等，若使羊受到外界的刺激，则会增加羊对外界刺激的应激反应，加重羊的中毒症状，加速死亡。病羊饲喂优质牧草，如芦苇、沙竹糜子等，给予充足的饮水，一般 2~3d 可自愈，临床症状消失后再放入羊群中。

第八节　牛心朴子防控技术

1. 毒性与危害

含有 7-脱甲氧娃儿藤碱，氧化脱氧娃儿藤次碱等 10 多种生物碱，这些成分都具有不同程度的生理活性，而且有细胞毒性作用。主要危害骆驼，牛羊一般不采食。春夏之际，草场旱情严重时，骆驼常处于半饥饿状态时被迫采食，有些骆驼由于年年采食成瘾，所以不分季节，一年四季长期采食，造成中毒，而且还可带领其他不采食牛心朴子的幼年骆驼或成年骆驼学着采食而造成中毒。骆驼中毒后表现为精神沉郁，口吐白沫、磨牙、饮欲停止、食欲减少，严重者不安，回头观腹，后肢羁腹、发抖、出汗，开始时拉黑色稀便，后期拉水样粪便，受到应激反应时极易跌倒，最终因脱水而死亡，部分骆驼中毒后嘴唇肿大、化脓，夏季因化脓而伤口生蛆，严重影响采食，最终因饥饿和营养衰竭而死亡。

2. 综合防控

可因地制宜地采取物理防控、化学防控、生态防控、药物开发等综合利用技术防控牛心朴子的扩散和蔓延。

加强草地管理：通常把牲畜迅速转移到没有生长牛心朴子的草场，对经常采食牛心朴子成瘾的骆驼及时淘汰处理是防控的主要措施。

中毒牲畜，可灌服食用醋 500~1 000mL，每天 1 次，连用 3~4d，或灌服酸奶 1 000~3 000mL，每天 1 次，连用 3~4d。静脉放血 500~1 000mL，再将葡萄糖 1 000~2 000mL 和 0.9%氧化钠 500~1 000mL，1 次静脉注射，每天 1 次，连用 3~5d。灌服止泻药 500~1 000g，用开水烫后放凉灌口服，隔天灌服 1 次，共用 2~3 次。小米萝卜汤：小米 500~1 000g，青萝卜 500g 熬成粥，1 次灌服，每天 1 次，连用 2~4d。也可以用甘草绿豆汤：甘草 300g，绿豆 1 000g，加水 5 000mL，熬成汤灌服，每天 1 次，连用 2~3d。

3. 其他用途

作为药用植物资源，牛心朴子有良好的药理活性，如消炎、阵痛、止痰、止咳、怯痰、平喘等用途。

第九节　紫茎泽兰防控技术

（一）紫茎泽兰

毒性与危害如下。

全草有毒，种子和花粉是引起人和动物过敏性哮喘的主要病原，含有佩兰毒素、泽兰苦内酯、泽兰酮和香豆精类等。紫茎泽兰作为外来入侵植物，对我国农牧业生产、生态环境、生物多样性以及人类健康等造成严重危害，主要表现以下几方面。

（1）紫茎泽兰的枝叶具有特殊的气味，有毒。对马有明显的毒害性，特别是花粉，会引起马属动物患过敏性肺炎、喘气病、鼻炎、流涕、流血，甚至死亡；牛羊拒食，用其垫圈，可引起牛羊蹄腐烂；常造成家畜误食中毒死亡。紫茎泽兰侵占草地，造成牧草严重减产，天然草地被紫茎泽兰入侵 3 年就失去放牧利用价值。

（2）紫茎泽兰生命力强，适应性广，其叶和根的水提液可抑制多种粮食作物及蔬菜种子的萌发及幼苗生长，化感作用强烈，易成为群落中的优势种，甚至发展为单一优势群落；紫茎泽兰对土壤养分的吸收性强，能极大损耗土壤肥力，对土壤可耕性的破坏较严重。

（3）紫茎泽兰侵占宜林荒山、影响造林、林木生长和采伐迹地的天然更新；且严重威胁经济作物的发展。此外，对药用植物及蜜源植物危害也极大，危害养蜂业和药用植物的发展。

（4）破坏本地植被群落结构。紫茎泽兰的生命力、竞争力及生态可塑性极强，能迅速压倒其他一年生植物，它的植株能释放多种化感物质，排挤其他植物生长，常常大片发生，形成单优种群，破坏生物多样性，破坏园林景观。

（5）紫茎泽兰花粉密度过大就会引起人的花粉过敏反应，使哮喘病人病情加重，其中的丁二酸酐对眼睛和皮肤具有强烈的刺激性作用。紫茎泽兰全草有毒，危害各种动物，引起动物多种器官组织毒性损伤甚至死亡。紫茎泽兰具有极强的生命力和繁殖率，排斥其他植物的生长，破坏生物资源的多样性，使生态失衡，影响生态安全，被我国列为重点防控的恶性杂草。

（二）防控技术

紫茎泽兰的生态适应性比较广泛，目前已在我国云南、贵州、四川、广西等西南地区扎根定居，形成大面积单优群落，因此，治理紫茎泽兰，必须因地制宜地采用多种措施，实施综合防控。

生物防控如下。

（1）植物替代控制。用一种或多种植物的生长优势来抑制和替代紫茎泽兰，可结合工程造林、丰产林、飞播造林、荒山绿化、四旁绿化，建立果树和经济林基地等进行替代。还可用茶、柠檬、桉、皇竹草、牧草、甘蔗、饲料粮等多种作物作为替代物种。至于替代物种的种植方法、管理规范，应根据不同植物种类选择相应方法进行种植和管理，但必须在替代植物生长前期加以人为抚育，一旦替代物种的地面盖度和郁闭度提高到一定程度后，就能自然控制紫茎泽兰的入侵和危害。植物替代控制可长期有效控制紫茎泽兰，并带来其他效益，同时可避开化学防控和引入天敌的风险，是一种持久性的生防措施，可达到持续控制紫茎泽兰的最终目的。

（2）生物防控。利用泽兰实蝇、旋皮天牛和某些真菌有效控制紫茎泽兰的生长。泽兰实蝇属双翅目，实蝇科，具有专一寄生紫茎泽兰的特性，乱产卵在紫茎泽兰生长点上，孵化后即蛀入幼嫩部分取食，幼虫长大后形成虫瘿，阻碍紫茎泽兰的生长繁殖，削弱大面积传播危害。旋皮天牛在紫茎泽兰根颈部钻孔取食，造成机械损伤而致全株死亡。泽兰尾孢菌、飞机草格孢菌、飞机草绒孢菌、叶斑真菌等可以引起紫茎泽兰叶斑病，造成叶子被侵染，失绿，生长受阻。

（3）物理防控。紫茎泽兰为浅根系植物，易于挖除，利用紫茎泽兰植株失水率35%以上就丧失萌发能力的特征，采用适时人工挖除、可清除紫茎泽兰。也可在秋冬季节，人工挖除紫茎泽兰全株，集中晒干烧毁。此方法适用于经济价值高的农田、果园和草原草地。在人工拔出时注意防止土壤松动，以免引起水土流失。

（4）化学防控。适时采用高效、低毒、低残留的无公害除草剂，对紫茎泽兰进行化学防控，使用的除草剂有吡啶类、磺酰脲类、草甘膦、甲嘧黄隆、毒莠定、2,4-D 等。草甘膦是一种遇土壤金属离子易钝化，不破坏土壤结构的优良除草剂，只需在土壤湿度较大的条件下，拌土撒施，简便易行、省劳力，防除紫茎泽兰效果达 90%以上。在农田作物种植前，每 667m^2 用 41%草甘膦异丙胺盐水剂 360~400g，对水 40~60kg，均匀喷雾；松林每 667m^2用 70%嘧黄隆可溶性粉剂 15~30g，对水 40~60kg，均匀喷雾；荒坡、公路沿线等，每 667m^2用毒莠定水剂 200~350g，对水 40~60kg，均匀喷雾；草地、果园中的紫茎泽兰用草甘膦进行防治，慎用甲嘧黄隆。化学防治时，选择晴朗天气。在紫茎泽兰化学防除地适时开展替代控制，能做到可持续控制危害。

（5）综合防控。人工机械防除和化学防除方法存在很大的局限性不彻底性以及严重破坏草地植被和当地生态等缺点。随着相关管理体制的健全，以及对紫茎泽兰防控和开发利用认识的加深，应更多采取经济、有效、安全、稳定、无污染、低成本的防控技术。通过接种专性致病菌、放养植食性昆虫和种植竞争性植被等生物学方法是控制紫茎泽兰蔓延的理想方法，但存在生物安全风险。因此，因地适宜地将人工、化学和生物学防控方法有机结合进行综合防控，是目前防控紫茎泽兰的切实有效方法。

第十节　荨麻防控技术

危害：毒性成分为蚁酸，丁酸和酸性刺激性物质。

危害动物：危害各种动物。动物触碰荨麻属有毒物质后，立即引起刺激性皮炎，主要症状有瘙痒，严重灼痛感，红肿等。荨麻属有毒植物对动物皮肤的损伤是机械和化学作用的结合。刺毛的末端是一种带刺的薄壁球状细胞，细胞壁含硅，质脆，当接触皮肤时，球状物破裂，粗糙的末端刺破皮肤，含有多种活性成分的刺毛内含物随之注入，从而产生烧痛，肿胀等症状。影响家畜皮、毛质量。

防控技术：荨麻属植物由于带刺，牲畜一般不会采食，而且大多作为中药材或经济植物集中栽培利用。加强草地管理：在家畜处于极度饥饿的状态下，避免在荨麻属有毒植物分布的地段放牧，可防止牲畜中毒。

在荨麻属有毒植物分布区域，可适当采取人工或机械方法清除，清除后应及时补播优良牧草，以恢复草地植被。人和动物皮肤接触引起皮肤损伤后，应及时用肥皂水或苏打水洗涤创面，病情严重者内服苯海拉明 25mg，日服 3 次。

第十一节　菟丝子防控技术

菟丝子别名：豆寄生、无根草、黄丝、马冷丝、巴钱天、菟儿丝、树阎王、黄原、无娘藤米米、龙须子、缠龙子等。

旋花科菟丝子属一年生全寄生草本有害植物。分布于我国东北、华北、西北、西南、华中等省区。是我国二级检疫杂草。生于海拔 200～3 000m的田边、山坡阳处、路边灌丛或海边沙丘。

1. 危害

菟丝子是全寄生植物，常寄生在豆科、菊科、蓼科、蔷薇科等 3 000多种植物上，无根，叶退化为鳞片，其细胞中没有叶绿体，只能攀附在其他植物上吸取水分和养分，其藤茎生长迅速，常缠绕枝条，甚至覆盖整个树冠，严重影响叶片的光合作用，其吸器不仅吸收寄主的养料和水分，而且给寄主的输导组织造成机械障碍，致使寄主植物叶片黄化易落，枝梢干枯，长势衰落，轻则影响植株生长，重则致全株死亡。同时菟丝子也是传播某些植物病害的媒介或中间寄主，能引起多种植物的病害，中国菟丝子是国家二类植物检疫对象，具有无性繁殖和有性繁殖的生物学特性，寄主范围极广，生命力非常顽强。一旦入侵，对农业、畜牧业和城市绿化构成严重威胁。

2. 综合防控技术

加强植物检疫与监管，防止菟丝子随植物产品的调运人为传播蔓延，一旦发现引进的作物种子、苗木携带菟丝子，应坚决予以销毁。

生物防控：用生物农药“鲁保 1 号”菌剂在菟丝子幼苗期喷雾防除，每 667m^2 用每克含活孢子 15 亿的“鲁保 1 号”菌剂 5 000～8 000g加水 100kg，洗衣粉 100g，混匀后喷雾，5～7d 防治 1 次，共防治 2～3 次。喷药前把菟丝子茎挑断，有利于提高防效。

其他用途：菟丝子成熟种子可作为中药，其药性中和、甘辛微温、入肝肾经，补阴益阳、温而小燥、补而小滞，是一味平补肝肾的良药，可作为药用植物资源利用。现代药理研究表明，菟丝子在补肾壮阳、免疫、心血管病防治方面的作用显著，同时在抗氧化、抗衰老、骨代谢等方面也有一定作用。

物理防控：菟丝子种子在土表 5cm 以下不易萌发出土，因此，在大面积的发生区，在菟丝子种子萌发前进行深翻土壤，使菟丝子种子深埋土中，使其难以萌发出土。

化学防控：在菟丝子生长的 5—10 月，喷施 6%的草甘膦水剂 200~250 倍液，使其种子难以萌芽出土，施药宜掌握在菟丝子开花结籽前进行。也可每 667m^2 用敌草腈 0.25kg，或用 3%的五氯酚钠防治，每隔 10d 喷 1 次，连续喷 2 次。喷药时选择阴天或早晚喷药，喷前打断菟丝子的蔓茎，造成伤口效果更好。

第十四章

草地有毒有害草可持续综合治理

第一节　加强草原科学利用和管理

草原上大多数毒草滋生所造成的灾害，几乎都与对草原的不合理利用特别是过度放牧有关。过牧导致可饲用植物正常生长发育受到限制，使有毒植物获得了充分的繁衍机会，其种群迅速壮大，抑制了可饲用植物的生长，导致其产草量下降，草畜矛盾突出，引起大批家畜中毒的机会增加。加强草原生态建设，根据不同类型草原的生物学、生态学特点进行科学培育改良，合理利用草原，建立完善的草原管理制度、科学放牧制度、草原割草制度，合理的留茬高度和刈割次数，适当的利用季节，减少有毒植物被敏感家畜采食的机会，通过划区轮牧，封滩育草和施肥、灌溉等措施，使草原优良牧草增多，毒草减少，是防御草原有毒植物灾害的根本途径。在毒草密集的草原地区，进行围栏，作为专业药材基地，在基地内，实行边采挖边补播，进行人工栽培，建立起有毒植物资源生产基地，并与国内外药材市场融为一体，使草原毒草变废为宝，作为草原区创收的产业之一，也减少了家畜采食毒草而中毒的机会。

第二节　草原生态防治技术

生态防治，就是依据生态毒理学原理调整植物毒素在生态系统中平衡关系，在保证生态安全的前提下，促进种间关系协调，调节生态系统平衡，从而使有毒植物种群得到控制而不危害家畜和其他牧草的一种防治策略。

有毒植物的生态防除，应用生态工程法调整草原上的草种及层次结构，使一些有用的有毒植物得到条件性保护，也使动物对有毒植物的中毒得到确实的防治，收到经济、有效、生态平衡等多种效益，即无需应用化学的或机械的方法清除毒草，而用生态学的方法限制毒草的生长或有效地降低有毒植物在牧草中的比例。树立生态防除的观点，加强草原有毒植物综合生态防治技术研究，从生态平衡的高度审视防除措施的有效性与安全性。重点研究有毒植物种群的繁殖扩散机理，包括生物生态学特性、有毒植物与家畜的关系、有毒植物与群落内其他植物的种间关系、有毒植物种群动态，开展引入或扩大天敌生物种群，恢复或重建种间平衡、有毒植物危害的估测及防除阈值等内容的研究。生态防除可能是最温和的防治方法，相对化学防除等其他措施而言是最低效的，从草业可持续发展的角度来看，生态防除的方法可能是唯一可行的。

第三节　生物防治技术

利用生物技术防治草原有毒植物就是利用专一性昆虫或细菌、病毒侵染毒草以达到清除或控制有毒植物的目的。采取生物防治尽管收效缓慢，但能合理利用草原资源，且效果好、成本低。然而，使用起来无风险。采取生物防治措施，利用天敌昆虫防治草原毒害草国外已有许多成功经验，国内虽然在“以虫治草”方面也有成功的先例，但在天然草原恶性毒害草的生物防治研究中，中国农业科学院做了研究。

我国拥有草地约 60 亿亩，受恶性毒害草蔓延侵害的约 13 亿亩，占全国草地资源的 1/3，在受毒害草危害的广大草原上，采取“以虫治草”的生物防治措施，控制恶性毒害草的蔓延和危害，可取得事半功倍的效果，具有广阔的应用前景。生物防治技术，通过调查、采集和筛选，选出安全有效的专性优势天敌昆虫，进行大量繁殖、释放，人为辅助天敌扩散，使天敌在毒害草发生区与毒害草建立新的生态平衡，从而使毒害草群落控制在经济危害水平之下，达到长期防治恶性毒害草的目的。生物防治技术措施，利用有益的天敌昆虫（螨）、病原微生物控制乳浆大戟、加拿大蓟及针茅芒刺的危害，达到“以虫（螨）治草、以菌治草”的目的。对天敌生物学特性、寄主专一性、室内饲养繁殖、野外释放及控制效果评价等进行系统研究，并结合生产实际摸索出一套利用天敌控制毒害草的成熟的技术体系，为利用天敌控制有毒有害杂草提供理论和实践依据。

我国的杂草生物防治开始于 20 世纪 60 年代。国内有一些科研单位和大专院校进行过一些探索，但是研究工作基本上是零星的。80 年代中期以后，我国的杂草防治研究得到了迅猛的发展。以 1985 年 4 月全国第一次杂草生物防治讨论会为起点，我国的杂草生防逐步开始形成一门新的学科。1988 年全国第二次杂草生物防治会议，提出了我国杂草生防的重点发展方向和策略，国家开始有重点的支持杂草生防的研究工作，国家科学技术委员会、农业部、自然科学基金委员会等先后资助了豚草、紫茎泽兰、水花生等杂草防除的研究课题。中国农业科学院生防所首开“以虫治草”的先例，他们从加拿大、前苏联引进豚草条纹叶甲防治豚草取得了明显的效果。在毒草危害的生物防治生态控制方面，中国农业科学院草原研究所进行长期的研究和探索。在国家自然科学基金项目“北方草原恶性毒害草生物防治途径的探索”的研究工作中，对内蒙古北方草原的主要毒害草乳浆大戟、狼毒、小花棘豆的主要天敌资源进行调查和筛选，对乳浆大戟的主要天敌大戟天蛾、大戟天牛、叶甲的生物学特性进行了观察研究。在内蒙古中西部草原地区寻找到乳浆大戟天敌 17 种，其中天敌昆虫 9 种，寄生真菌 8 种；狼毒天敌昆虫 3 种；小花棘豆天敌昆虫 2 种。明确了大戟天蛾的生活史、生活习性、发生规律、寄主专一性，掌握了大戟天蛾饲养繁殖技术及防治乳浆大戟的最佳释放时期，为杂草生防的深入研究奠定了基础。

近年来，有毒有害杂草已成为影响我国农牧业生产及草地生态环境的突出问题之一，其危害主要体现在：草地生态环境恶化，草地退化、沙化，生产力下降；畜产品产量与质量下降等。如何科学有效地治理有毒有害草，是促进农牧业健康发展、提高草地生产力、控制草原退化和沙化的重要措施之一。

乳浆大戟（*Euphorbia esula* L.）属世界性广泛分布的一种恶性毒草，消耗草地水分和养分，竞争取代其他优良牧草，使草场退化，且该草本身有毒，牲畜误食造成中毒死亡，给草地畜牧业造成了严重损失。

加拿大蓟［*Crisium arvense*（L.）Scop］为多年生杂草，严重危害农田牧场，主要靠种子和地下根传播蔓延，使农作物减产，草地退化。以上两种有毒有害杂草在我国广泛分布于内蒙古、甘肃、新疆、宁夏等省（区），国外主要分布于欧洲、西亚和北美各地，近年来其分布有逐渐扩大的趋势。

针茅是中国西北地区草原上最重要的植物之一，是天然草地上多种群落的主要建群种，其分布面积广、产草量高，饲用价值高，是很好的优良牧草。但由于针茅属植物的颖果具有坚硬芒刺，这些芒刺混缠在牲畜（主要是绵羊）皮毛中，常常刺伤羊皮，造成洞眼，使皮张质量下降；也可侵入绵羊的口腔、黏膜及蹄叉等组织内，导致家畜发病以致死亡，成为当前草地畜牧业发展中的巨大限制因素。

中国农业科学院草原研究所研究发现针茅芒刺、乳浆大戟及加拿大蓟天敌43种，其中针茅狭跗线螨（*Steneotarsonemus stipa* Lin & Liu）、大戟天蛾（*Hyles lineate livornica*）、大戟透翅蛾（*Chamaesphecia schroederi*）、加拿大蓟绿叶甲（*Thycophysa campobasso*）为发现的新种。明确针茅芒刺、乳浆大戟及加拿大蓟的天敌资源，对天敌的生物学、生态学特性进行研究，对其发生规律与生活史，对优势天敌的生物学生态学特性、寄主专一性、耐饥能力及取食量等进行了研究，为天敌昆虫（螨）的繁殖、释放提供了理论依据。阐明了针茅狭跗线螨对针茅芒刺的抑制机理。从天敌的室内育苗饲养、扩繁、野外释放到控制效果评价，形成了一套成熟的天敌昆虫（螨）繁殖及释放的技术体系。根据植株受抑制程度提出了不同分级标准，综合评价了加拿大蓟绿叶甲、欧洲方喙象对加拿大蓟的控制效果。释放天敌昆虫（螨）控制乳浆大戟、加拿大蓟及针茅芒刺的蔓延、危害，解决了当前农牧业生产中亟需解决的问题。

1. 毒害草生物防治主要研究内容

在我国毒害草重点发生区，调查收集主要恶性毒害草的天敌昆虫及病源微生物，将其带回室内进行种类分析鉴定；对采集到的天敌昆虫进行饲养、观察、筛选出不同毒害草的优势天敌昆虫；对筛选出的优势天敌昆虫的寄主范围、专一性进行测定选择优势专一性天敌昆虫，食性、各龄期幼虫耐饥能力测定、安全性测定；对筛选出的天敌昆虫进行生物学、生活史及生活习性、发生规律的研究；对主要的优势天敌进行室内外繁殖、饲养，田间释放，达到田间控害的目的；室内外及田间控制效果的评价，进行试验小区释放，明确防治效果。主要天敌昆虫利用防治效果评价。

2. 毒害草生物防治主要研究结果

明确乳浆大戟、加拿大蓟及针茅芒刺的天敌资源，对天敌的生物学、生态学特性进行研究，明确其发生规律与生活史；从中筛选出优势天敌对其寄主专一性、耐饥能力及取食量等进行研究，为将其作为生防作用物释放利用提供依据；对优势天敌昆虫（螨）的室内饲养及扩繁技术进行研究，为野外释放提供虫源；在试验区小范围罩笼释放，根据毒害草受损程度，综合评价天敌昆虫（螨）对乳浆大戟、加拿大蓟及针茅芒刺的控制效果；在重发生区进行天敌昆虫（螨）的野外释放。

3. 采取生物防治技术措施

利用天敌昆虫、病原微生物控制乳浆大戟、加拿大蓟及针茅芒刺的危害，达到“以虫治草、以菌治草”的目的。在明确其天敌资源的基础上，对优势天敌的生物学生态学特性、寄主专一性等进行系统性研究。对几种优势天敌进行室内饲养扩繁、田间释放应用，并对其防治效果进行试验评价，并在此基础上进行了野外大面积示范推广。该技术在内蒙古、甘肃、新疆、宁夏等地推广示范后，取得了显著的经济效益、生态效益和社会效益。

对优势天敌的生物学生态学特性、寄主专一性、耐饥能力及取食量等进行了研究，为天敌昆虫（螨）的繁殖、释放提供了理论依据；阐明了针茅狭跗线螨对针茅芒刺的抑制机理；从天敌的室内育苗饲养、扩繁、野外释放到控制效果评价，形成了一套成熟的天敌昆虫（螨）繁殖及释放的技术体系；根据植株受抑制程度提出了不同分级标准，综合评价了加拿大蓟绿叶甲、欧洲方喙象对加拿大蓟的控制效果。释放天敌昆虫（螨）控制乳浆大戟、加拿大蓟及针茅芒刺的发生危害，解决了当前农牧业生产中亟需解决的问题。

4. 综合防治技术多种天敌昆虫的组合

深入毒害草发生区调查和收集主要毒害草的天敌昆虫，然后进行鉴定和室内饲养，初步筛选出优势天敌。对初选出的天敌进行生物学生态学特性和寄主专一性测定，筛选出安全有效的优势天敌种类。对入选的天敌进行饲养、繁殖和野外释放效果的研究，探索实现“以虫治草”的目的，为草原畜牧业生产提供科学依据。恶性毒害草在天然牧草地大量滋生蔓延并形成有害的杂草群落，主要有以下几方面的因素：一是发生地的气候、土壤等环境条件有特别适合该毒害草生长的因素；二是与该毒害草维持平衡的并能将该毒害草控制在一定水平的天敌（植食性昆虫、病原微生物）缺乏或受到抑制有关；三是毒害草本身具有毒素，对周围其他植物有抑制作用。所以通过人为引入天敌控制毒害草的滋生和蔓延的研究思路是可行的。

在毒害草发生区调查和采集主要毒害草的天敌昆虫，带回室内进行鉴定和饲养观察，筛选出优势天敌种类；在田间种植寄主植物，主要选择一些经济作物、观赏植物和主要寄主植物的近缘植物，对初选的优势天敌进行寄主专一性和食性测定，筛选出专食性的优势天敌；对筛选出的专食性的优势天敌进一步的饲养和观察，了解其生活史、生活习性、行为特征，并进行其生物学生态学特性测定；对专食性的优势天敌昆虫进行繁殖和田间释放实验，观察防治效果；进行不同防治方法（化学药剂、机械防除、生物防治）实验，对以虫治草的防治效果进行评价。

第四节 机械化学防治技术

采用人工或机械的方法挖除有毒植物并同时补播优良牧草，或在放牧后进行多次刈割，限制其生长、成熟，以达到清除目的。但此法处理不当容易对采用造成破坏，而且毒草根难以全部挖出，残留根系又会重新萌芽，不易根除，另外劳动成本大，效率低，只适应小面积放牧利用的草原作业。

化学防除是利用具有高选择性化学除草剂喷洒杀灭有毒有害植物。药剂使用分叶面处理和土壤处理两种。施用方法以飞机、机动喷雾器或人工方式喷雾，具有不受地形限制、效率高、适合大面积使用等优点。施用时间为夏末秋初，即8~9月。较常用的除草剂主要是2,4-D丁酯、草甘膦等。但由于缺乏特异性，杀灭有毒植物的同时也将伤害其他植物，而且不能将根杀死，来年可再生，需多次重复用药，大面积的反复使用，造成草原环境污染。

第五节 烧荒防除技术

有目的地进行烧荒是消灭草原有毒植物经济方便有效的方法，也是草原综合培育的措施之一。烧荒可以改善草原的植被结构，提高草原利用率。以禾草为主的草原烧荒后，土壤地温提高，其草灰又当肥，因此可以促进次年春天牧草较早萌发，提高草群质量，同时，也烧死了一部分害虫的蛹及卵，减少虫害。但烧荒掌握不当，对豆科草类、蒿类、半灌木等地面芽和地上芽为主的草原，烧荒时易受伤害。烧荒应在晚秋或春季融雪后进行，因为此时对青草生长影响较小。

第十五章

草地有毒有害草的合理利用

草原有毒植物是一类重要的植物资源，是生物进化得以生存繁衍的结果，在植物遗传多样性研究中占有重要位置。有毒植物的是自然存在的，大量的繁衍是草原生态系统与放牧系统协同进化的结果，对其所处的具体环境条件下所起到的生态作用不可忽视。

草原有毒植物灾害的大量发生，从毒物学角度看，家畜采食毒草后引起大批中毒死亡，很大程度上具有人为利用不当而产生的次生灾害的属性。目前，西部草原毒草灾害的威胁不断增加，防治草原有毒植物灾害任重道远。要解决防御草原有毒植物灾害的发生，有毒植物的防除并非问题的关键。植物毒素是一种重要的生命现象，是植物在自然界长期进化过程中为了保存自身的繁衍，抵抗高等动物或疾病的侵袭而产生的化学防御能力。

人类对其所蕴涵的大量复杂的重要生物学信息知之甚少，从生物学角度理解植物毒素，可以发现很多对人类有益的药源，是天然药物化合物库。应该加大研究的工作力度，科学开发利用有毒植物，特别是提取其有效成分发展高附加值产业，变害为利，做到物尽其用，一方面会带动草产业的发展，另一方面也能促进荒漠化防治、生态建设与当地经济发展形成相互协调、相互促进、持续发展的良性循环。

第一节　饲用植物开发利用

从牧草学和营养学角度分析，有毒植物含粗蛋白质一般为10%以上，有的高达20%以上，并含有丰富的粗脂肪、碳水化合物、矿质元素、多种氨基酸，是潜在的牧草资源。因此，考虑把更多的精力投入毒草的开发和利用上，将有毒植物通过技术措施变为可利用的饲草，加以充分利用。

依据有毒植物对不同动物的易感性差异，可以通过改良畜种特异性，调整牧场畜群结构，或使用新疫苗免疫家畜来降低有毒植物危害，就可使家畜安全地利用；有些植物属于季节性有毒，则可以集中在无毒季节进行采食，如含配糖体、皂苷、挥发油、毒蛋白的有毒植物；还有些有毒植物经调制成干草或青贮后，就可直接饲用，如含配糖体的有毒植物可通过加热或酸碱处理消除毒性，含皂苷、毒蛋白类的有毒植物经牧草干燥也可消除毒性，挥发性油类有毒物质经贮存就会逐渐挥发掉；含可溶性生物碱的豆科毒草，也可用水浸、煮，除去有毒成分，成为可利用的豆科饲草。研究发现小花棘豆干草粗纤维含量为40.15%，而且木质素脱除容易，专家利用化学、微生物复合技术提取醉马草中生物碱等有毒成分，制成醉马草发酵饲料。

最新实验研究表明，疯草中所含的有毒生物碱是由于植物感染内生真菌产生，从密柔毛黄芪（*Astragalus mollisimus*）、绢毛棘豆（*Oxytropis sericea*）、蓝伯氏棘豆（*Oxytropis lambertii*）等豆科植物的叶、茎、花及种子中分离出的内生真菌，在人工培养条件下均可单独产生苦马豆素，未受内生真菌侵染的棘豆植株体内不产生有毒生物碱。因此，通过去除疯草体内的内生菌，从而安全利用这些植物实现草原有毒植物灾害有效防御。

第二节　药用开发利用

有毒植物富含的生物化学物质是开发天然医药、兽药、有机生物农药及特殊功能添加剂等新产品的重要原料。目前，许多科学家正在研究从有毒植物中提取抗菌、抗病毒、抗癌、抗艾滋病及戒毒的药物。用绿色植物浸提物取代药物饲料添加剂具有广阔的前景。

许多植物有毒成分衍生的药物已为人熟知，如镇痛药吗啡，强心药洋地黄，神经系统药物乌头碱、阿托品以及抗癌药物长春花碱、喜树碱、三尖杉酯碱、鬼臼毒素等，目前，由植物提取的奎宁、青蒿素是国际上首选的抗疟药。高毒性细胞毒素蓖麻毒素类等核糖体抑制蛋白，可作为生物导弹的偶联蛋白类抗癌药的效应链。生物毒素不但可以作为临床药物，还可以作为导向化合物，并可为药物分子设计提供有价值的新药模型和结构构架，更能为发现药物新作用靶位发挥特殊作用。

棘豆可全草入药，具有麻醉、镇静、止痛等功效，主治关节痛、牙痛、神经衰弱和皮肤痛痒。现代药理研究发现，有毒棘豆主要有毒成分——苦马豆素是高尔基体内α-甘露糖苷酶Ⅱ的抑制剂，具有抗肿瘤、抗病毒、免疫增强作用和抗辐射作用，能抑制肿瘤细胞的生长和转移，提高机体免疫力，促进骨髓细胞增殖，预防高剂量化疗所造成的骨髓抑制及随后发生的嗜中性粒细胞减少症，由于苦马豆素对肿瘤细胞生长和转移的抑制以及对免疫激活的双重作用，因此它是一种很有前途的肿瘤治疗药物。此外，棘豆根系发达，耐旱、耐寒、耐贫瘠，生命力强，可作为沙漠化地区防风固沙植物。

小花棘豆的有毒成分是吲哚兹定生物碱——苦马豆素，有研究发现，苦马豆素可作为免疫调节剂、肿瘤转移及扩散抑制剂、抗病毒和细胞保护剂等药物使用，是一种新型的抗癌药物，它具有杀伤肿瘤细胞、免疫调节的双向作用，能够刺激骨髓细胞的增殖，已经应用到防治人类癌症的 II 期试验阶段。研究专家还发现醉马草具有消肿解毒、消炎止痛作用，在腮腺炎和关节炎的疼痛治疗上有良好效果，可开发成为理想的镇静止痛药品。狼毒根入药，有大毒，能散结、逐水、止痛，主治水气肿胀、淋巴结核、骨结核，外用治疥癣、瘙痒、顽固性皮炎等疾病。

第三节　农药开发利用

农药是指用来防治鼠、虫、病害和环境卫生害虫、害草等有害生物的生物活体及其生理活性物质，1994 年我国将生物农药研制和环境保护列入《中国 21 世纪议程》白皮书，农业部专门成立了中国绿色食品发展中心，同时制定了 AA 级绿色食品生产中应用生物农药防治病虫草害的标准。利用有毒植物开发生产无公害的植物杀虫剂，是绿色农药的主要发展方向。利用植物有效成分创制农药，主要有两种形式：一是对植物原料的直接利用，从植物中提取、分离具有杀虫抗菌抗病毒功效的有效成分，以此为主体配制无公害植物源农药；二是从种类繁多的植物中，分离纯化具有农药活性的新物质，以此先导化合物为结构模板，进行结构的多级优化，创制高效低毒新农药。我国研制的茴蒿素杀虫剂、谷虫净微粒剂和苦参杀虫剂等植物杀虫剂等均获准农业部农药注册登记。形成 40 余家研究机构、600 余人的专业研发队伍和约 200 家的生产企业；累计注册登记的生物农药有效成分品种达到了 80 个，占我国农药总有效成分品种的 13.9%；产品 696 个，占注册登记农药产品的 7.3%；年产 11 万 t 多制剂，约占农药总产量的 11%；年产值约 18 亿元人民币，占农药总产值的 8%~9%。

狼毒大戟有较高的杀虫活性，杀蝇、杀蛆，近年来还被用于生物农药取得明显效果。四川大学对瑞香狼毒的抗虫活性成分进行了深入研究，首次从瑞香狼毒根中分离获得一类具有 C6-C5-C6 结构骨架的新活性化合物，对蚜虫和菜青虫具有较强的拮抗活性，在 200mL/L 浓度下，瑞香素对米象、玉米象的抑制率达 100%。张国洲等对瑞香狼毒乙醇提取物对菜粉蝶幼虫、亚洲玉米螟幼虫和桃蚜有很强的生物活性，采用活性跟踪方法，从中已分离鉴定出伞形花内酯、瑞香亭、狼毒色原酮和 β-谷甾醇等 4 种活性成分。

第四节　其他用途开发

草地有毒植物具有很强的抗旱、抗寒、抗病虫害的能力，在极端恶劣的环境条件下亦能旺盛生长、产量高，是植物育种的重要基因材料和生物芯片，蛋白质组、核糖组等的重要生物信息源；萱草、狼毒、藜芦等有毒有害植物还可以用作为园林观赏植物；许多 C4 植物和油脂植物是极有前途的生物质能源材料，非洲沙地生长一种叫做麻风树的有毒植物，2007 年 6 月，英国的生物柴油生产商 D1Oils 公司投资 1.6 亿美元进行开发，期望 4 年内有近 300 万英亩（1 英亩 ≈ 4 047m^2）的土地投入栽培，并使年加工量达到大约 200 万 t，到 2011 年之前成为世界上最大的麻风树生物柴油生产商。

针对目前世界有毒植物研究进展和我国研究现状，从政策和措施上鼓励创新，通过投入和政策引导，调动各方面积极性，加强有毒植物研究，使其发展成为独立的高技术产业，草原毒草有可能成为创造巨大财富的资源。

第十六章

有毒有害草——野生植物资源开发利用

第一节　野生植物资源狼毒综合开发利用

植物资源是人类自古以来赖以生存的一种再生资源。我国地域辽阔，生态气候环境多样，植物资源丰富。但由于我国人口众多，人均占有的植物资源量很低，是世界上人均植物资源最少的国家之一。我们必须十分重视和珍惜植物资源，保护和合理利用现有的植物资源。

野生植物狼毒是我国北方草原广泛分布的一种有毒有害植物，在我国的青海、西藏、甘肃、宁夏、内蒙古及东北的黑龙江等地的草原、山地丘陵的干旱向阳坡都有其生长和分布。狼毒全身有毒，被牲畜误食后，能引起牲畜呕吐、腹痛腹泻、严重时造成牲畜中毒死亡，孕畜接触可导致流产，因而人称断肠草。近年来，由于天然草地的不合理利用，过度放牧，使天然草地严重退化，优良牧草减少，杂草蔓延。而狼毒本身具有耐旱、耐寒、耐贫瘠、抗风蚀的特性，生命力极强，且根系分泌物及残体对其他植物具有克生作用，因而狼毒在天然草原上迅速滋生和蔓延，不仅使天然草原退化，而且还造成大面积天然草地由于牲畜对狼毒的趋避而遗弃。因此，人们将狼毒作为有毒有害植物研究和防除。

但是，狼毒的茎叶中富含萜类、黄酮类和高分子有机酸等多种对人类有益的化学物质和抗癌活性物质，合成药物后可治疗多种疑难杂症。狼毒根的浸出物可抑制种子萌发生长，还可帮助烟民戒烟。其茎秆、根含有大量的纤维，是很好的造纸原料。

开发利用野生植物狼毒，使其变废为宝，有效利用狼毒这一植物资源，实现防用结合，是许多有识之士关注的问题。立项研究和探索野生植物狼毒的综合开发利用途径具有十分重要的现实意义。

对野生植物狼毒的研究国内外报道的比较多。经详细的文献检索，查阅了大量资料获知：对狼毒的研究大多集中在狼毒的化学成分分析、有机化合物的提取分离、药理实验研究等方面。我国古代就有对狼毒的药理作用记载，在《神农本草经》记载曰："狼毒，味辛寒，主蚀恶肉败疮死肌，杀疥虫，排脓恶血，除大风热气，善忘不乐，生川谷。"农牧民在生活实践中，利用狼毒根熬水给牲畜洗浴，防治牲畜的起疥。近年来，对狼毒的危害及防除也有不少的报道。如中国农业科学院草原研究所对狼毒的分布、异株克生及综合防除技术的研究，青海省牧科所对狼毒进行化学防除等。但对狼毒植物的综合利用方面的报道很少。

在我国分布的和民间使用的狼毒植物有 3 科 11 种，即大戟科的月腺大戟、狼毒大戟、柴胡状大戟、硕苞大戟、大狼毒、小狼毒、鸡肠狼毒、毛大狼毒、土瓜狼毒，瑞香科的瑞香狼毒、黄花瑞香狼毒。在内蒙古草地主要分布的是瑞香狼毒和狼毒大戟，我们重点研究瑞香狼毒和狼毒大戟的开发与利用。

依据现有狼毒化学成分的研究成果，进行药理作用的试验研究。即中药西化；从狼毒提取液消炎、杀虫的作用入手，进行生物农药的配置和药效的试验研究；从狼毒植株富含纤维的特点入手，利用狼毒提取残留物进行造纸试验。

瑞香狼毒中主要提取出两类化合物，即黄酮类化合物和二萜酯类化合物；狼毒大戟中主要提取出二萜类化合物和双分子呋喃醛醚化合物。对这些化合物进行以下药理作用研究。

（1）抗癌作用试验。二萜酯类化合物对癌细胞具有抑制作用，瑞香狼毒中分离的二萜尼地吗啉，对肺癌、结肠癌有较强的抗癌活性，狼毒大戟中分离的二萜内酯类化合物对肝癌、腹水癌等有较好的控制作用。提纯这两类物质，制成药剂，进行药理作用试验。

（2）抗菌作用试验。农牧民用狼毒根浸出液洗羊等牲畜患的疥、藓，说明狼毒浸出液对病菌有控制作用。提纯各类化合物，进行抗菌作用试验。

（3）进行毒性试验和对吸烟的控制效果试验，狼毒提取液可杀虫灭菌，利用狼毒提取液结合其他有毒植物提取液，配制生物农药，并进行生物农药的防治效果试验和毒性测定。

（4）利用狼毒植物的植株或提取残留物，作为造纸原料，进行造纸试验，寻找多种利用途径。

中药西化技术。即抗癌药物提纯的工艺流程技术和药效试验；生物农药的配制技术；戒烟灵制作技术。

实施方法：分 3 个层次 3 个阶段组织实施，具体如下。

①中药西制：狼毒植物的收集，根、茎、叶中各类化合物的提取及实验室提纯阶段；提纯物的毒性测定及药效试验阶段；工厂化生产的工艺流程试验研究及试生产阶段。

②生物农药：狼毒及其他有毒植物的收集，根、茎、叶浸出物的提取，化学成分分析及复合生物农药的配制，室内试验阶段；生物农药各种配方的毒性测定，田间试验及药效观察，残留物测定阶段；工厂化生产的试验研究及试生产阶段。

③造纸用途：狼毒茎秆纤维含量的测定，分析评估是否可作造纸原料；造纸试验及纸张质量的评价阶段；大规模生产阶段，完成时间，根据项目进度确定，3~5 年，研究出至少一种药物，解决产业化生产的工艺流程。配制出 2~4 种杀灭不同菌虫或杂草的生物农药，解决产业化生产的工艺流程。制出狼毒纸张样品。

第二节　野生植物资源苦豆子开发利用

荒漠植物苦豆子（*Sophora alopecuraides*）为豆科槐属植物，其别名又称苦豆根，苦豆草，苦干草。苦豆子为多年生半灌木或小灌木，其根系发达，耐干旱、耐盐碱、耐严寒、抗风沙，在荒漠和沙性土壤上具有极强的生命力，是我国西北荒漠化地区广泛分布的一种野生植物。由于苦豆子的植株和种子含有大量生物碱，味苦性寒有毒，牲畜及野生动物都不喜食，牲畜误食还会引起牲畜中毒，严重者导致死亡。因此，在荒漠化草原上，苦豆子作为有毒有害植物，长期以来没有得到很好的保护和利用。

近年来，对苦豆子药理作用的研究发现，野生苦豆子除含有多种生物碱外，还有多种黄酮类物质、有机酸、氨基酸、蛋白质和多糖类成分，并发现了抗癌、免疫等新的药理活性物质。苦豆子才被逐步重视和利用起来。那么，在荒漠化地区如何有效开发和利用好苦豆子，既要保护和恢复荒漠地区的植被，改善荒漠地区的生态环境，又要合理利用苦豆子，使其产生更大的经济效益，并逐步带领荒漠地区人口实现稳定脱贫致富，这就是我们科研与生产的结合点，也是我们进行科研工作的重点。

我国的荒漠化面积约 262 万 km^2，占国土面积的 27.3%，且每年以近 2 460km^2 的速度扩大，我国受荒漠化影响的有 18 个省（区）。内蒙古自治区是荒漠化较为严重的地区，全区荒漠化面积达 7 435 843.66hm^2，占总土地面积的 64.57%。防止土地沙化退化，加快生态建设是一项十分重要而且很繁重的工作。内蒙古自治区是我国实施“三北防护林建设项目”、“防风固沙项目”和“西部大开发中环境建设项目”等的重点地区。恢复荒漠地区植被实施生物固沙措施是目前最经济有效的生态建设途径。投入少量的经费选择经济类植物建植植被，不仅可以有效地防风固沙，而且可以利用建植的植物作为饲料或药用原料发展荒漠区经济，这将是开发利用荒漠化土地和沙地的很重要的途径。

野生植物苦豆子是荒漠地区很好的防风固沙和盐碱地改良植物，其种子富含多种生物碱、还含有多种黄酮类物质、有机酸、氨基酸、蛋白质和多糖类成分，并发现了抗癌、免疫等新的药理活性物质，且提取生物碱等化学物质后的苦豆子残渣又是很好的营养饲料。因此，在荒漠化地区恢复苦豆子植被和栽植苦豆子，变沙地为宝地，使有毒植物变为可利用的资源，走开发利用带动沙荒区治理之路具有很重要的现实意义。

（一）开发利用苦豆子的原则

野生植物苦豆子大多生长和分布在海拔 1 000~2 000m 的荒漠、半荒漠地区，这些地区的生态条件十分脆弱，过度开发利用必然会造成这些地区生态条件的进一步恶化。因此，在开发利用苦豆子时必须坚持以下一些原则。

（1）开发利用与环境治理相结合，经济效益与生态效益相统一的原则。野生植物苦豆子生长和分布在的荒漠、半荒漠地区，这些地区的生态条件比较脆弱。因此，在开发利用苦豆子时，必须注意生态环境的保护和建设，既要搞好植物资源开发利用，发展好经济，又要保护好环境，搞好生态建设，边治理边开发，走治理与开发相结合，经济效益与生态效益相统一的发展模式。

（2）示范开发与大面积推广相结合，当前利益与长远利益相一致的原则。荒漠、半荒漠地区自然环境条件恶劣，地方经济落后，人们的思想观念陈旧落后，实施大规模的开发治理的条件还不成熟。必须通过苦豆子植被恢复和人工种植的科研示范，引导荒漠地区群众保护和恢复荒漠植被，并用经济来调动荒漠地区群众恢复植被保护环境的积极性，使环境治理与扶贫工作有机地结合起来，让群众在搞好生态建设的同时得到较高的经济收益，让环境治理成为当地群众的自觉行动。

在开发利用苦豆子时，既要考虑群众的当前利益，更要着眼于群众的长远利益，使当前利益与长远利益相一致。即在示范开发的基础上，充分调动广大沙荒区人民在沙漠和沙漠化土地上大面积种植苦豆子的积极性，提高沙地植被覆盖率。这样既改善了荒漠地区的生态环境，保护了植物资源，又使沙荒区居民得到长期稳定的经济收入，实现自我稳定的脱贫致富。

（二）开发利用苦豆子的思路

以实现两个效益为中心，走集约化、产业化之路，实现区域化布局、专业化生产、集约化经营、社会化服务、企业化管理。让苦豆子资源上规模，上效益；培养龙头企业，建立以市场牵龙头、龙头带基地、基地连农牧户的多方联合的以强带弱的企业集团，发展一批贸工牧、产供销、牧科教等多种形式一体化经济实体；探索走治理开发式之路，扭转现在只利用不建设、只开发不保护的掠夺式利用方式，实现经济效益与生态效益的同步增长；提高示范基地的科技含量，实现苦豆子的良种化，种植的科学化，利用的综合化，效益的多样化；开展多种研究，建立商品化科学模式。

（三）苦豆子综合开发利用方法

苦豆子的综合利用可用以下几句话来概括：野生植物苦豆草，浑身上下全是宝。药用成分含量高，疑难杂症疗效好。防风固沙效果好，致富可以搞环保。

（1）防风固沙，改良土壤。苦豆子耐干旱、贫瘠，抗风蚀、沙埋，繁殖快、生命力强，是很好防风固沙植物。苦豆子属豆科槐属植物，具有固氮作用。大面积种植苦豆子，对恢复植被、改良土壤、改善环境都将起到积极的作用。

（2）养蜂采蜜，加工饲料。苦豆子的花期较长，是很好的蜜源植物，大面积种植后，可以开展养蜂事业。苦豆子的地上部分，经过提取生物碱后的残渣，既无毒，适口性又好，而且营养价值高，可加工成很好的饲料。据报道，提取生物碱后苦豆子残渣，蛋白质含量高达20%以上，是很好的高蛋白饲料。这对于发展荒漠区的畜牧业生产具有很好的作用。

（3）提取药用物质，创造经济效益。苦豆子的植株和苦豆籽均含有大量的生物碱、黄酮类物质，这些物质又是医药品、保健品、化妆品的原料，在市场上比较走俏，经济价值较高。通过提取苦参碱、黄酮类物质，获取较大的经济收益。

（4）进行深加工，开发多种产品。利用苦参碱开发药品、保健品、化妆品等多种生化产品，满足社会居民健康、保健、美容等多种需求。利用苦参碱开发生物农药试剂和生物化肥，满足农牧业病虫害防治的需要，避免化学药剂对环境的污染。

（四）开发利用苦豆子的自然基础

（1）天然苦豆子资源的生态基础。天然野生苦豆子分布于海拔 1 000~2 000m 的荒漠和半荒漠地区，在我国分布广泛，主要集中分布于西北地区草原地带和沙漠区。野生苦豆子一般生长在阳光充足、排水沙地、荒漠地带及石灰质丘陵山区，且生命力极强，有利于种植繁殖，有利于植被的恢复。

（2）野生苦豆子资源的数量基础。内蒙古自治区的野生苦豆子生长分布较为广泛，其分布面积约有 41.7 万 hm^2，集中分布于阿盟、巴盟、伊盟、乌海等沙化区和乌盟的丘陵山区。在部分地区呈现集中成片分布，有利于建立示范基地，也可以进行适度的开发。

（五）开发利用天然野生苦豆子的评价

对生长在不同地区的苦豆子的分布情况、植株重、产籽量、优势度等观察研究，进行化学成分及含量的分析，筛选优良的品种进行示范种植推广；天然苦豆子的人工补播和改良：在天然苦豆子群落中点播苦豆子，以尽快恢复植被，提高植被覆盖度，探索天然植被的改良恢复技术；进行人工栽培苦豆子试验：在试验基地进行人工栽培苦豆子，探索苦豆子的栽培技术，分析栽培苦豆子与野生苦豆子在各方面的差别，提高苦豆子的资源品质；研究开发利用苦豆子的多种渠道，探索评价苦豆子应用效果；野生苦豆子资源的保护和合理利用，天然种群的改良复壮；永久性人工苦豆子种植管理和苦豆子的收获加工技术。

目前，对苦豆子的研究主要集中在苦参总碱等药用物质的提取、分离及多方面药理活性研究和临床功能的试验与观察方面，利用苦豆子提取的生理活性物质配置生物农药、生物化肥等，对苦豆子的营养成分、饲用价值也进行了一些试验研究和报道。但对苦豆子植物的生理机能、生物学生态学特性、天然植被的更新复壮、人工栽培技术、优良品种的选育等方面尚未见报道。

进行苦豆子天然植被的恢复、更新复壮及人工栽培技术的研究，不仅有利于荒漠地区的生态建设，为苦豆子植物资源的综合利用提供充足的原料，而且还可以填补苦豆子研究方面的空缺。

第三节 野生植物资源牛心朴子开发利用

牛心朴子（*Cynanchum hancockianum*）为萝摩科鹅绒藤属有毒植物，别名：老瓜头，塔拉音一特木根呼呼，黑心脖子，芦芯草。多年生草本，高30~50cm，须状根粗壮；茎多数丛生，直立，不分枝或仅梢部分枝，基部紫色；叶近对生，革质狭椭圆形，先端渐尖，全缘，基部楔形；伞状聚伞花序，腋生，有花10朵左右，花萼5深裂，花冠红紫色或紫褐色5深裂，内具肉质，黑紫色副花冠、5深裂，裂片背部龙骨头突起；雄蕊5，与雌蕊黏合在一起呈柱状，称合蕊柱，花药连生成环状，贴生于合蕊柱顶端的盘状柱头上；种子椭圆形，或矩圆形，棕褐色，扁平，顶端具白色种樱，4月萌发，6~7月开花，8~9月结果。

分布于我国山西、陕西、甘肃、宁夏、青海、内蒙古中西部的乌盟、伊盟、巴盟等地。旱生植物，喜沙、耐旱、旱生于沙漠半荒漠地带的沙丘、沙地和沙化草地上，在严重退化的草地上可成为建群种，牛心朴子在内蒙古毛乌素沙漠及其周围地区分布较多，是西北半荒漠地区一种主要蜜源。

（一）牛心朴子化学成分的分析

采集牛心朴子地上部分（茎叶）及根的提取物经提取分离，得到15种化合物，经光谱分析及化学反应鉴定为7-脱甲氧娃儿藤碱（Ⅰ）、表赤杨醇（Ⅱ）、B-谷甾醇（Ⅲ）、三十烷酸（Ⅳ）、蔗糖（Ⅴ）、氧化脱氧娃儿藤次碱（Ⅵ）、磁麻脂（Ⅶ）、牡丹酚（Ⅷ）、B-谷甾醇-B-D-葡萄糖甙（Ⅸ）和葡萄糖（Ⅹ），其中Ⅵ为新生物碱，Ⅰ、Ⅵ、Ⅸ具有细胞毒作用和防癌作用，牡丹酚Ⅺ在临床上具有镇痛作用。民间作绿肥杀虫药，藏医用它退烧、止泻、治胆囊炎。

（二）牛心朴子无机元素含量分析

铜、铁、锌、镁等无机元素是不可缺少的组成部分，它们以多种有机物质结合存在于细胞中，以维持植物的正常代谢，起着重要的生物活性作用，这正是微量元素在药物中得以广泛应用的原因所在。牛心朴子全草中含有

27 种无机元素，其中金属元素 25 种，非金属元素 2 种，钾含量高达到≥10%，还有钠、镁、铝等元素和铜、铁、锌、铬、锰等人体、植物中所必需的微量元素，氮、磷、钾是化肥中三个主要组成元素，分析中钾的高含量及磷的存在，主要是牛心朴子草民间用作绿肥的科学依据。

（三）牛心朴子复方植物农药

复方比单方制剂有明显杀虫增效作用，测定内酯与生物碱两类物质的含量，反映多类别有毒组分的存在量是它具有协同增效作用的基础。经测定：牛心朴子草中含有复方植物杀虫剂中的大量内酯含量，利用牛心朴子含有 21 碳甾体酯苷、强心苷、娃儿藤生物碱、瑞香狼毒、苦豆子苦参等有效成分，结合配制以后，成为一种很好的植物源生物农药杀虫剂，可以防治蚜虫、螨类等多种害虫，无污染、无药害的生物农药。例如，牛心朴子对菜青虫有较好的拒食效果和抑制生长效果，且虫龄越小效果越明显，浓度越大效果越好，拒食率在 90%，牛心朴子不同生育期毒性强弱顺序是：苗期>花期>果实期，且苗期与花期较为接近，因此，制药时以花期为益，菜青虫的中毒症状，低浓度取食时表现为：取食—昏迷—复苏—再取食—死亡；高浓度时表现为：拉稀、拉肠，尾部发现坏死组织，虫体极度皱缩，体表脱水，整个虫体呈水渍状，供试虫连续取食毒素后很难正常化蛹或羽化，从而可以达到较好的防治效果。

（四）牛心朴子沙漠蜜库

牛心朴子为内蒙古自治区在 20 世纪 80 年代开发的主要优良蜜源，主要分布在鄂尔多斯高原 15 万 km^2 次生沙漠区，年贮蜜量 7 万 t，目前年产牛心朴子蜜 4 500t，有沙漠蜜库之称，一般一朵小花开放期间，分泌 14～17μL 花蜜，正常年群产蜂蜜可达 100kg 以上。

（1）牛心朴子的生理机能。其蜜腺组织细胞中的营养物质主要以液态蔗糖形式存在，泌蜜时牛心朴子蜜腺中蔗糖部分转化成单糖后直接分泌体外，由于营养物分泌速度快，形成了泌蜜量大的生理机能。

（2）结构与功能。牛心朴子柱状单细胞高度特化的蜜腺毛，为其他蜜源所没有，牛心朴子一朵花有 5 个蜜腺，其中具上万个蜜腺片，功能十分强大，牛心朴子蜜腺毛由其下的 2 层、3 层亚腺组织细胞直接提供营养，泌蜜时原蜜汁的运输途径较短，但牛心朴子细胞的传递和向体外泌蜜速度快，牛心朴子阔叶受光面积大，叶绿体发达，沙漠环境光热资源充足，若花期有适量降水，昼夜温差大，能制造和积累大量营养物质，供泌蜜。经测定花期植物中蔗糖含量6%，为高糖源植物之一。

（五）牛心朴子花期生产大量蜂王浆

牛心朴子开花泌蜜规律，一般1年以上牛心朴子先开花流蜜，当年生的牛心朴子后开花，前后开花流蜜时间长达50d之久，每年有15万~20万群蜂采集。

（六）牛心朴子的药理作用

（1）止咳作用。利用昆明种小鼠做实验，牛心朴子无论水提物或醇提物对于小鼠的咳嗽具有显著的抑制作用，随剂量增大，抑制作用增强。

（2）去痰作用。昆明小鼠实验，牛心朴子提取物和醇提物均可增强小鼠呼吸道封闭功能，有显著排痰、去痰作用。

（3）平喘作用。牛心朴子、水提物、醇提物对乙酰胆碱、组胺等量混合液所致小鼠哮喘反应均有明显的预防作用。

（4）毒性实验。利用昆明小鼠20只，雌雄各半，体重18~20g，饮水不限，禁食16~24h，一次灌服最大浓度、最大体积牛心朴子水提物，给药量达120g/kg，连续观察7d，结果小鼠均健康无死亡，表明LD_{50}大于120g/kg。

通过大量实验说明，牛心朴子水提物和醇提物均可明显控制小鼠咳嗽现象，有显著去痰作用，并可抗乙酰胆碱、组胺等量混合液所致小鼠哮喘反应。牛心朴子分布广泛，资源丰富，民间采用已有多年历史，证明其具有镇痛、抗炎和抑菌作用，牛心朴子对呼吸系统常见病咳痰、哮喘症状有解缓治疗作用，而且毒性实验表明口服毒性小，安全，因此可作为药用资料开发利用。

参考文献

陈冀胜，郑硕. 1987. 中国有毒植物［M］. 北京：科学出版社.

陈进军，王建华，张天峰. 1997. 关山牧场的有毒植物［J］. 中国草地（1）：77-79.

陈莉. 1990. 家畜常见草地植物中毒［J］. 四川草原（4）：52-54.

丁建清，苑军，万方浩. 1994. 新疆蓟天敌昆虫调查初报［J］. 中国生物防治，（2）：87-88.

富象乾，常秉文. 1985. 中国北部天然草原有毒植物综述［J］. 中国草原与牧草（3）：18-24.

郭晓霞，沈益新，李志华. 2006. 几种豆科牧草地上部水浸液对稗草种子和幼苗的化感效应［J］. 草地学报，14（4）：356-359.

郭郁颖. 1999. 河北坝上地区天然草地主要有毒有害植物及其开发利用［J］. 中国草地（1）：41-45.

何毅. 2001. 甘肃省天然草场有毒植物及防治［J］. 中国草食动物，3（1）：30-31.

扈明阁. 1990. 赤峰草地［M］. 北京：农业出版社.

黄祖杰，周淑清. 1993. 草地重要有毒植物——狼毒［J］. 四川草原（3）：24-27.

姬进波. 1998. 牛心朴子抽取物对菜青虫的活性研究［J］. 宁夏农林科技（2）：26-28.

金洪. 1991. 内蒙古天然草地剧毒植物——毒芹［J］. 内蒙古草业（2）：21-26.

李春涛. 1996. 天祝高山草地主要有毒植物及其防除措施［J］. 四川草原（2）：37-39.

李典谟. 2001. 乳浆大戟天敌——大戟天蛾生物学特性研究［C］//昆虫与环境——中国植保学会 2001 年学术年会论文集. 北京：中国农业科学技术出版社：494-502.

李建科，李丛林，马常，等. 1991. 棘豆化学防除试验研究［J］. 中国草地（6）：80-82.

李建科，杨具田，唐正轩. 1988. 黄花棘豆化学防除的研究［J］. 中国草地（3）：8-11.

李玉玲. 1998. 棘豆毒草的危害和生物防治途径［J］. 青海草业，7（4）：35-36.

林明丽，等. 1998. 牛心朴子全草中无机元素含量的测定［J］. 内蒙古工业大学学报，17（4）：61-64.

林熔，石涛. 1987. 中国植物志（第 78 卷）［M］. 北京：科学出版社：131.

刘爱萍，徐林波，王慧. 2007. 加拿大蓟天敌——欧洲方喙象的寄主专一性测定［J］. 植物保护，33（1）：62-65.

刘爱萍，徐林波，王俊清. 2008. 加拿大蓟及乳浆大戟天敌昆虫调查研究［J］. 内蒙古草业，20（3）：25-27.

罗万春，等. 1996. 苦豆子种子抽提物对两种蔬菜害虫的活性［J］. 植物保护学报，23（3）：281-282.

沈慧敏，郭鸿儒，黄高宝. 2005. 不同作物对小麦、黄瓜和胡萝卜幼苗化感作用潜力的初步评价［J］. 应用生态学报，16（4）：740-743.

沈景林，孟杨，谭刚，等. 2000. 应用除草剂防除草地狼毒对草地植被的影响研究［J］. 中国草地（4）：48-50.

沈景林，周学东，孟杨，等. 1999. 草地狼毒化学防除的试验研究［J］. 草业科学，16（6）：53-56.

史志成. 1994. 草地毒草危害及其防除研究概况［J］. 草业科学，11（3）：52-56.

史志诚. 1997. 中国草地的生态环境与毒草灾害［J］. 中国药理学与毒理学杂志，11（2）：108-109.

史志诚. 1997. 中国草地重要有毒植物［M］. 北京：中国农业出版社：124-139.

税军峰，张玉林，马永清. 2007. 白三叶对黑麦草、弯叶画眉草的化感作用初探［J］. 草业科学，24（1）：48-51.

谭成虎. 2006. 甘肃天然草原主要毒草分布、危害及其防治对策［J］. 草业科学，23（12）：98-101.

王大明. 1990. 草地棘豆的控制与灭除［J］. 青海畜牧兽医杂志（6）：21-24.

吴国林，魏有海. 2006. 青海草地毒草狼毒的发生及其防治对策［J］. 青海农林科技，2：63-64.

刑福，王正文. 2000. 科尔沁草地有毒植物及保障家畜安全的对策［J］. 草业学报，9（3）：66-73.

邢福，刘卫国，王成伟. 2000. 中国草地有毒植物研究进展［J］. 中国草地，23（5）：56-61.

邢福，宋日. 2002. 草地有毒植物狼毒种群分布格局及动态［J］. 草业科学，19（1）：16-19.

邢福，王艳红，郭继勋. 2004. 内蒙古退化草原狼毒种子的种群分布格局与散布机制［J］. 生态学报，24（1）：143-149.

邢福. 1995. 内蒙古科右前旗线叶菊草地营养动态及合理利用问题［J］. 中国草地（3）：1-6.

杨家新，等. 1998. 苦豆子的研究进展［J］. 天津药学，10（1）：43-46.

杨渺，李贤伟，马金星. 2005. 生态恢复和经济发展悖论中毒害草的地位及悖论解决途径［J］. 生态学杂志，24（10）：1 177-1 181.

姚宇澄，等. 1996. 牛心朴子复方植物源农药中内脂含量的测定研究［J］. 内蒙古工业大学学报，15（4）：48-51.

姚宇澄，等. 1997. 牛心朴子草化学成分研究［J］. 中草药，28（A10）：53-54.

姚宇澄，等. 1997. 牛心朴子草挥发性化学成分的研究［J］. 内蒙古工业大学学报，16（4）：1-5.

尹长安，李跃忠，等. 1994. 滩羊对苦豆子废渣的利用［J］. 中国养羊，3：26-29.

尹长安. 1995. 干旱荒漠地区苦豆子的资源状况及开发利用［J］. 干旱区资源与环境，9（2）：48-54.

张兰珍，等. 1997. 苦豆子种子生物碱成分研究［J］. 中国中药杂志，

22（12）：740-743.
张茂新，凌冰，孔垂华，等. 2002. 薇甘菊挥发油的化感潜力［J］. 应用生态学报，13（10）：1 300-1 302.
赵爱莲，崔慰贤，郭思加，等. 1998. 宁夏山地草场毒草黄花棘豆及其防治途径［J］. 中国草地（1）：67-69.
赵宝玉，刘忠艳，万学攀，等. 2008. 中国西部草地毒草危害及治理对策［J］. 中国农业科学，41（10）：3 094-3 103.
赵成章，樊胜岳，殷翠琴. 2004. 喷施灭狼毒治理毒杂草型退化草地技术研究［J］. 草业学报，13（4）：87-94.
中国科学院内蒙古宁夏综合考察队. 1980. 内蒙古自治区及其东西毗邻地区天然草场［M］. 北京：科学出版社：138-142.
中国科学院内蒙古宁夏综合考察队. 1985. 内蒙古植被［M］. 北京：科学出版社.
周韩信，殷显智. 1991. 棘豆、狼毒化学防除技术试验研究［J］. 青海畜牧兽医杂志（2）：4-6.
周淑清，黄祖杰，阿荣. 1993. 狼毒水浸液对几种主要牧草种子发芽的影响［J］. 中国草地（4）：77-79.
周淑清，黄祖杰，赵磊，等. 2008. 内蒙古西部区草原主要毒草灾害现状及防灾减灾策略［J］. 内蒙古草业（2）：1-4.
周淑清，黄祖杰. 1998. 狼毒异株克生现象的初步研究［J］. 中国草地（4）：52-55.
周淑清，王慧，黄祖杰，等. 2008. 狼毒在土壤里腐解过程中对苜蓿化感作用的研究［J］. 中国草地学报（4）：78-81.
Rice E L. 1984. Allelopathy（2nd ed）［M］. Newyork：Academic Press：309-315.

乳浆大戟、加拿大蓟、针茅芒刺生物防治图片

乳浆大戟植株

盛花中乳浆大戟

乳浆大戟田间症状

盛花中乳浆大戟

乳浆大戟田间试验

乳浆大戟野外天敌采集

乳浆大戟天蛾成虫

乳浆大戟天蛾幼虫

盛花中加拿大蓟

加拿大蓟田间考察

加拿大蓟野外调查

加拿大蓟野外调查

加拿大蓟野外试验

加拿大蓟野外分析调查

英国 CABI 哈瑞博士协商天敌饲养计划

加拿大蓟室内天敌饲养

加拿大蓟室内天敌饲养

加拿大蓟室内天敌饲养规划

加拿大蓟天敌蛱蝶科幼虫

加拿大蓟天敌蛱蝶（科）蛹

加拿大蓟天敌蛱蝶（科）成虫

加拿大蓟天敌蛱蝶（科）成虫

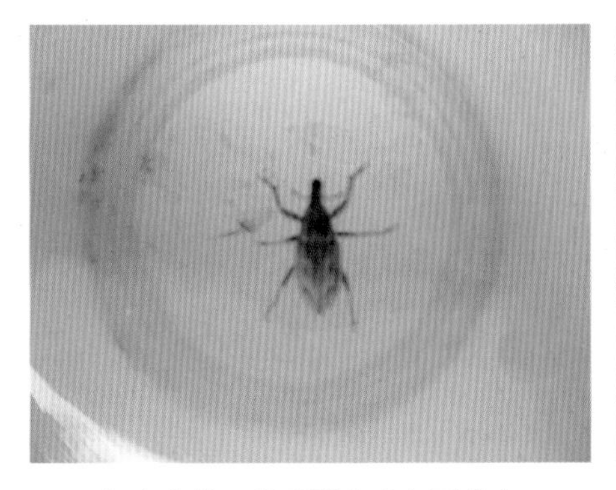

加拿大蓟天敌欧洲方喙象甲成虫

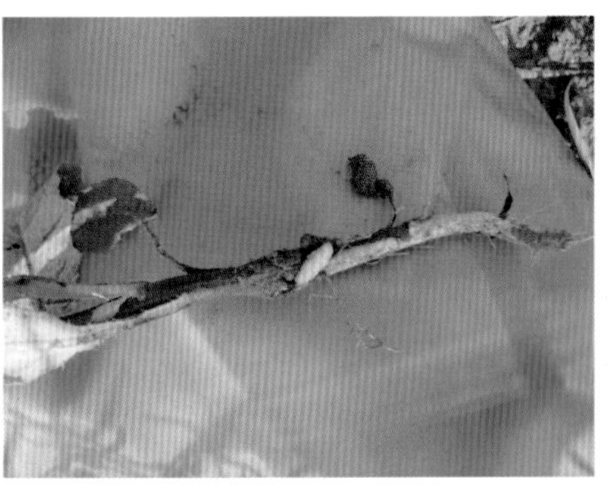

加拿大蓟天敌欧洲方喙象甲幼虫

欧洲方喙象取食加拿大蓟田间症状

欧洲方喙象取食加拿大蓟田间症状

欧洲方喙象取食加拿大蓟田间症状

欧洲方喙象取食加拿大蓟田间症状

加拿大蓟绿叶甲

室内饲养的加拿大蓟绿叶甲

蓟属植物

加拿大蓟病原微生物褐斑病

加拿大蓟病原微生物

加拿大蓟病原微生物

加拿大蓟病原微生物秀病冬

加拿大蓟病原微生物田间症状

盛花中正常加拿大蓟

加拿大蓟病原微生物感染后田间症状

加拿大蓟病原微生物感染调查

加拿大蓟病原微生物调查

锡盟正常生长针茅草原

针茅草原

针茅芒刺野外调查

针茅芒刺天敌野外调查

针茅芒刺室内天敌饲养

针茅芒刺育苗试验

狭跗线螨室内试验

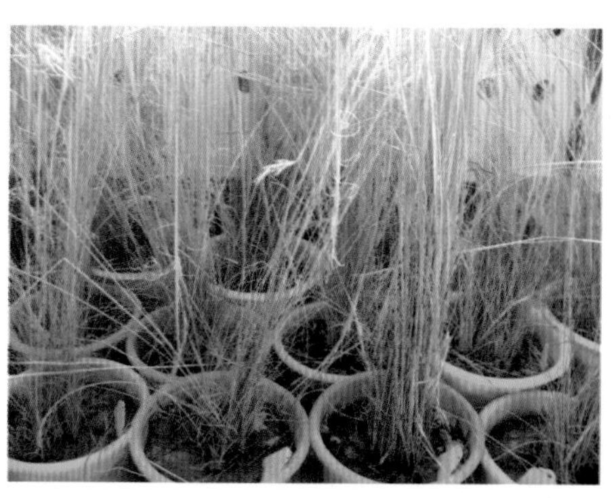

狭跗线螨接种试验

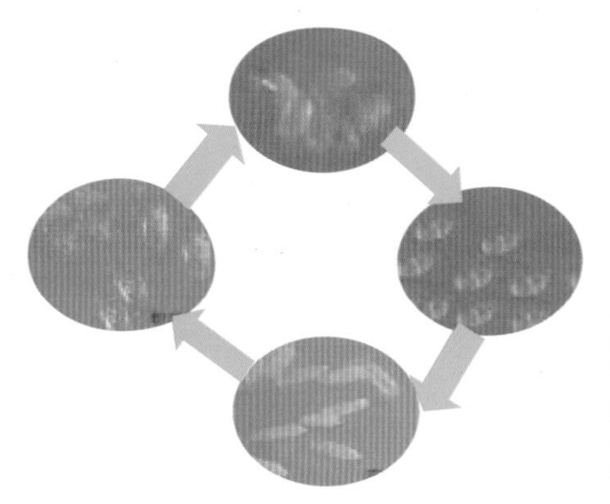

狭跗线螨成螨、幼螨、若

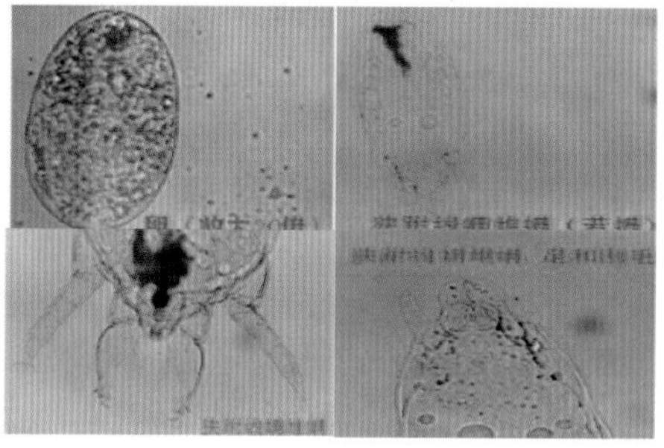

狭跗线螨卵、成螨、幼螨（放大 20 倍）

盛花中的狼毒

盛花中的狼毒大戟

盛花中的乳浆大戟

苦豆子群落

苦豆子

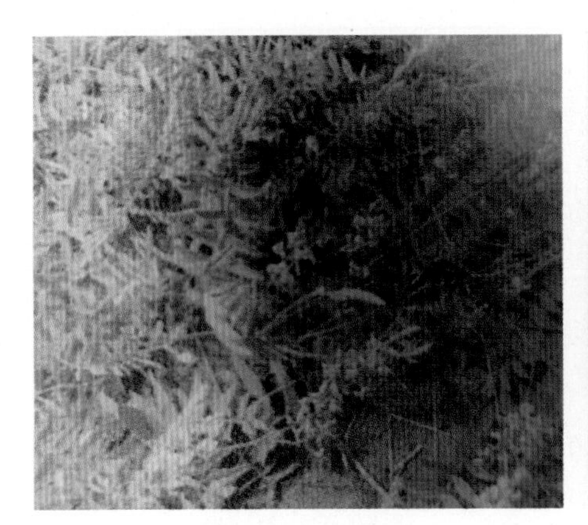
盛花中的小花棘豆

小花棘豆群落

紫茎泽兰

紫茎泽兰群落

牛心朴子

牛心朴子群落

盛花中的沙珍棘豆

盛花中的镰形棘豆

盛花中的冰川棘豆

盛花中的黄花棘豆

黄花棘豆群落

盛花中的宽苞棘豆

荨麻

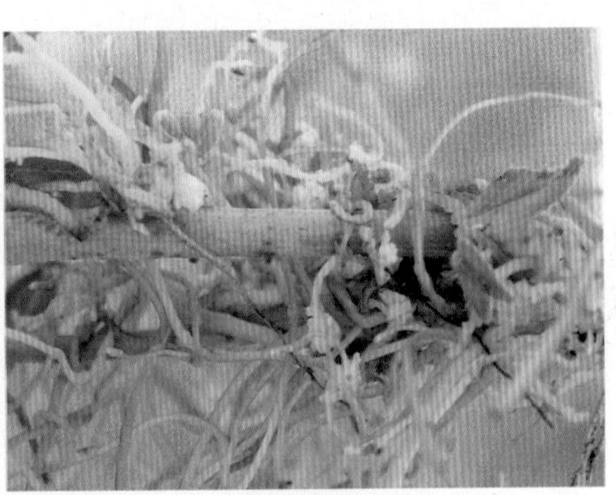

菟丝子